WESTEND

© Michael Kellner

Helmut Salzinger (1935 - 1993) war Literaturkritiker der ZEIT und Schriftsteller (*Swinging Benjamin*, *Rock-Power* oder *Wie musikalisch ist die Revolution?*) und zog sich Anfang der 1970er-Jahre auf das Land zurück, um sich fortan möglichst bio-dynamisch mit Lebensmitteln zu versorgen.

Helmut Salzinger

Der Gärtner im Dschungel

»Der auf die Sterne hereingefallene Mensch.«
(Aragon, Le Paysan de Paris)

WESTEND

Mehr über unsere Autoren und Bücher:
www.westendverlag.de

Die Deutsche Nationalbibliothek verzeichnet diese Publikation in der Deutschen Nationalbibliografie; detaillierte bibliografische Daten sind im Internet über http://dnb.d-nb.de abrufbar.

FSC
www.fsc.org
MIX
Papier aus verantwortungsvollen Quellen
FSC® C083411

ISBN: 978-3-86489-230-1
1. Auflage 2019

Umschlaggestaltung: Buchgut, Berlin
Satz: Publikations Atelier, Dreieich
Druck und Bindung: CPI – Clausen & Bosse, Leck
Printed in Germany

Schreiben wie die Maus buddelt

Vorwort von Mathias Bröckers

»Was sind das für Zeiten,
wo ein Gespräch über Bäume
fast ein Verbrechen ist.
Weil es ein Schweigen über so viele
Untaten einschließt!«

Bertolt Brecht *An die Nachgeborenen*

Helmut Salzinger (1935-1993) war Literaturkritiker der Zeit und Schriftsteller (*Swinging Benjamin*, *Rock-Power* oder *Wie musikalisch ist die Revolution?*) und zog sich Anfang der 1970er-Jahre auf das Land zurück, um sich fortan möglichst bio-dynamisch mit Lebensmitteln zu versorgen. Das ging – wie bei einem Stadtmenschen und Intellektuellen kaum anders zu erwarten – ziemlich schief. Doch *Der Gärtner im Dschungel*, ein Jahr vor Salzingers Tod erschienen, erzählt nicht nur die Geschichte dieses Scheiterns, sondern auch den daraus resultierenden Erkenntnisgewinn: Aus dem Herrn und Meister der Natur wird eine Mitkreatur, die den Wesen um sich herum beim Wachsen zuschaut.

Was das Verfassen von Büchern angeht, hat der Philosoph Gilles Deleuze (*Kafka. Für eine kleine Literatur*) einmal eine Art Mimikry empfohlen: Schreiben, wie eine Ratte sich durchs Schilf schlängelt, wie eine Maus ihr Loch buddelt. Doch wie hätte ein solches Kleinwerden der Literatur auszusehen? Kann man wirklich schreiben wie eine buddelnde Maus? Und kann man vermeiden, dabei wie Kaninchen, der eitle Besserwisser in *Pu der Bär*, zu wirken? Man kann. Und *Der Gärtner im Dschungel* ist ein solches Buch. Kein schweres, philosophisches, sondern ein kleines, weises. Sein Verfasser, Helmut Salzinger, hat mit der Nomadologie von Deleuze und Guattari vielleicht überhaupt nichts zu tun – und doch wiederum sehr viel; er hat geradezu das Gegenteil von nomadischer Literatur geschrieben – ein Gartenbuch nämlich. Und doch scheint diese Karte eines Mikrokosmos die gesamte Welt zu enthalten. Nicht zuletzt den Übergang vom Nomadischen zum Sesshaften. Mit dem ersten Spatenstich fing nämlich alles an:

»Auf der Erde ist jeder menschliche Zugriff ein Angriff (auf etwas, das bereits vorher bestand). Und im Garten speziell bedeutet jeder Handgriff nicht nur Eingriff, sondern zugleich auch Übergriff. Jede Pflegemaßnahme bewirkt Störung und Zerstörung – neben aller Pflege. Wenn ich das total verunkrautete Stück der Himbeeren säubere, damit Licht und Luft herankommen und der Boden abtrockne, dann rennen auch hier nach allen Seiten Spinnen und Käfer weg. Der Igel sieht sich entdeckt, und die Braunelle wippt nicht mehr auf den Stützdrähten für die Himbeerranken. Überall – wörtlich: Überall lebt irgendwer. In diesem Sinne ist praktisch der gesamte Planet Erde von einer wimmelnden Hülle aus Leben umgeben, und da ist es unausweichlich, dass einer, wohin er tritt, einen anderen tottritt, jedenfalls als Mensch, zumindest tendenziell. Wer dabei nicht mittun will, wird es schwer haben in seinem Leben.«

Wer zwar brillante Essays über Walter Benjamin schreiben konnte (*Swinging Benjamin*, 1972) und als »Jonas Überohr« in der Zeitschrift *Sounds* Meilensteine der Musikkritik setzen – doch von Natur eigentlich keinen Dunst hatte und sich dennoch aus theoretischen und praktischen Gründen fortan aus dem eigenen Garten ernähren will, ist absehbar zum Scheitern verurteilt. Und die Geschichte dieses Scheiterns ist eine der Ebenen von Salzingers

Buch. Eine andere ist der Erkenntnisgewinn, der aus dem Scheitern resultiert, aus dem potentiellen bio-dynamischen Selbstversorger wird ein Gärtner im Dschungel:

»Seither ist immer was los, selbst wenn nichts geschieht. Mein Zeitgefühl hat sich verändert. Zeit ist ein gleichmäßiger Fluss geworden. Mein Blick weitet sich, ich bekomme ein Gefühl für natürliche Rhythmen. Das Jahr schließt sich zu einer zyklischen Einheit zusammen, einer Vegetationsperiode von Wachsen, Vergehen und Ruhe. Dann eine neue Runde. Jede Pflanze nimmt daran teil, und ich nehme allmählich wahr, dass auch ich selber, wenn ich es nur zulasse, an diesem rhythmischen Kreislauf beteiligt bin. Ich gehe zwischen den Lebewesen im Garten herum und habe gelegentlich das Gefühl, selber ein solches Lebewesen zu sein. Ein Wesen wie alle, von ihrer Art und Natürlichkeit. Das Empfinden, das sich dabei zuweilen einstellt, erinnert mich an so etwas wie Glück.«

Der Gärtner im Dschungel ist eine Geschichte der Wahrnehmung – der Wiedergewinnung eines Gespürs für die Ganzheit und pulsierende Allgegenwart des Lebens, der unmittelbaren Wechselwirkungen von Mikro- und Makrokosmos, von Kleinstlebewesen und Gesamt-Biosphäre. Während einst der Garten ein Stück Kultur war, das gegen die Wildnis verteidigt werden musste, gerät er nun, gegen die flächendeckende Planierung durch die Zivilisation, zu einem Asyl für die Wildnis. Und der Macher des Gartens hofft, irgendwann »zum Bewohner des Gartens geworden zu sein und recht eigentlich zu seinem Bewuchs zu gehören, wie die kleinen Käfer und Spinnen unterm Gras dazugehören.«

Auch dies, die Wandlung vom Experimentator zum Teil des Experiments ist eine der Ebenen des Buchs: Natur nicht mehr als zugerichtetes (und zunehmend zugrunde gerichtetes) Objekt, sondern als Gesamtzusammenhang, in den sich der Mensch, wie die Maus und die Laus, zu fügen hat. Ein solches, möglichst mannigfaltiges Gefüge versucht Salzinger in seinem Wildgarten zu schaffen – und als seine Frau unterm Haus den Horror aller Kleingärtner, ein Schlangennest, entdeckt, mischt sich in die Freude darüber auch »eine Spur von Stolz«.

Bei all dem ist dieses Buch keine neo-romantische Wildnisschwärmerei, kein Öko-Idyll aus dem stillen Winkel. Salzinger bastelt sich keinen neuen lieben Gott zurecht, um biologische Vorgänge zu erklären: »Zwar, Gott ist tot, das stimmt. Doch hat dieses säkulare Ereignis den Menschen nicht zu jenem Übermenschentum befreit, das Nietzsche sich erträumte. Wenn wir etwas vom Wesen des Menschlichen begriffen haben, dann dieses: dass der Mensch als Natur und Lebewesen von keinerlei Bestimmung über die Erde gesetzt ist, wie es manche von den alten Mythen lehren, sondern dass er von gleicher Art ist wie alles Lebendige auch und dass, worin er sich unterscheidet – wenn er es denn tut –, nicht seine Fähigkeit ist, die Erde zu beherrschen, sondern die, sie zu hegen und zu pflegen wie einen Garten.«

Was im Rahmen von Umweltkonferenzen und Klimagipfeln nicht stattfindet – die Formulierung einer neuen, umfassenden Bioethik – hier, in diesem einfachen Bericht aus einem Garten, nimmt sie Gestalt an. Weniger in programmatischen Sätzen als in den alltäglichen Beobachtungen, den mit offenen Sinnen eingefangenen Wechselwirkungen dieses unendlich vielfältigen, verzweigten Universums der Gräser, Büsche, Blätter und Bäume. Und in der geschärften Wahrnehmung für alles, was mit und zwischen ihnen lebt, einschließlich des Gärtners selbst, dem der Garten nicht nur zum Wohnort, sondern, indem er ihn anschaut, auch zum Meditationsraum wird: »Mein selbstgemachtes, kleines Paradies dachte ich manchmal. Und dachte weiter: aber alles geklaut.« Wobei der Diebstahl, die hemmungslose Aneignung von Natur, noch eines der geringsten der Vergehen ist, das der Gärtner sich und seiner Spezies, dem »Töterich« Mensch, ankreidet. Mit einem immer bloß nachträglichen Naturschutz, mit einer allein auf die Menschengesundheit fixierten Umweltpolitik wird eine Überwindung der globalen Krise nicht zu haben sein.

Und so sind Salzingers ökologie- und zivilisationskritische Überlegungen auch nicht geeignet, die grassierende Öko-Schmuse-Welle zu stärken, den naiven Glauben an eine Rettung durch Umwelttechnik, die bloß richtig eingesetzt werden muss, und alles wendet sich zum Besten. *Der Gärtner im Dschungel* hat keinen grün getünchten Seelenfrieden zu verkaufen, seine in praktischer Auseinandersetzung mit der Erde, mit der Natur gewonnenen Erfahrungen konfrontieren den Leser eher mit dem Gegenteil: Ohne eine Weltrevolution der Seele, ohne eine Veränderung des Innersten, des Bewusstseins, ohne eine radikale Umwertung aller Werte und vor allem seines, des Menschen, Wert als »Maß aller Dinge«, muss jede globale Versöhnung mit der Natur ein frommer Wunsch bleiben.

»Die städtische Intelligenz hat unterm Schock von Tschernobyl die Natur wiederentdeckt und ist gegenwärtig dabei, sich ihrer als Gegenstand der Betrachtung und Reflexion zu bemächtigen, wobei sie herausgefunden hat, dass es sich gar nicht um die so gern und lange geschmähte Idylle handelt, die sie sonst unausweichlich mit dem Begriff Natur assoziiert hatte. Sie entdeckt vielmehr, dass es da auf Leben und Tod zugeht, nutzt aber diesen epochalen Fund lediglich dazu, die alte Scheinfront wieder aufzubauen. Als sei es um »richtig« oder »falsch« verstandene Natur zu tun, wobei, nachdem sie endlich »richtig« verstanden worden sei, endlich auch wieder die Frage aufgeworfen werden könnte, wie sich ihr gegenüber der Mensch zu behaupten habe. Was sie einfach nicht wahrhaben will, diese Intelligenz, ist die Einsicht, dass es der Fragen nach dem Menschen endlich genug und die Zeit der Antwort gekommen ist. Wer sie weiterhin stellt, betreibt auch weiterhin den Ausverkauf der Natur, es sei denn, er akzeptiere die untergeordnete Rolle des Menschen im ökologischen Zusammenspiel des Lebens, die möglicherweise darin besteht, eine bestimmte Spielart aktiver Intelligenz auf der Erde auszuprobieren, möglicherweise aber auch nur darin, das ökologische Gleichgewicht auf der Erde zu stören, zu wessen Gunsten auch immer. Wenn schon nicht zum Nachteil des Ganzen. Es geht um nichts weniger als um die Verabschiedung des Menschen aus der Geschichte.«

In Passagen wie diesen mag Pessimismus vom Schlage eines E. M. Cioran durchschimmern, demzufolge die Natur, als sie den Menschen zuließ, einen Anschlag auf sich selbst verübte; dennoch reiht sich dieses Buch nicht in jene Reihe von »Schwarzbüchern« der Menschheit ein, die als einzig wirksamen Naturschutz für die Selbstabschaffung des »Krebsgeschwürs Mensch« plädieren. Salzingers praktische Erfahrungen mit Un-Kraut und Un-Geziefer, mit der wuchernden und wimmelnden Intelligenz der Biosphäre führen eher zu dem Schluss, dass es mit der Intelligenz des Menschen nicht sehr viel weiter her ist als mit der einer Laus. Und dass er nur überleben kann, wenn er sich seiner Läusehaftigkeit wieder erinnert, und dabei alles, was kreucht und fleucht und krabbelt, als grundsätzlich gleichwertig anerkennt. Menschenrechte für Pflanzen und Tiere – in seinem Garten hat Helmut Salzinger versucht, sie zu gewährleisten, ohne seine Rechte als Mensch dabei aufzugeben. Wenn die Lust auf Stachelbeeren siegte, muss, bei aller Ehrfurcht vor dem Leben, durchaus mal die biologische Giftspritze her, um der Läuseplage Herr zu werden.

Ich scheue mich nicht, dieses kleine Gartenbuch große Literatur zu nennen. Nicht nur, weil es das fundamentale Thema schlechthin behandelt – mit dem ersten Spatenstich begann alles, was wir heute Kultur nennen, die Kultivierung und Kontrolle des Territoriums und des Lebens –, sondern weil es dies aus praktischer Erfahrung tut, und in einem klaren, transparenten Stil, der die aus der Anschauung von Mikro-Ereignissen gewonnenen großen und tiefen Einsichten ohne Pathos vermittelt. Als Sachbuch enthält es mehr Information über die Natur als viele naturwissenschaftliche Werke; als kulturgeschichtlicher Essay verhandelt es nicht weniger als die Grundbedingungen des Menschseins; als Gartenbuch enthält es eine Vielzahl praktischer Tipps; und als einfacher Bericht von einem, der auszog, auf dem Lande zu leben, ist es beste, weil Geschichten erzählende Literatur. »Unkraut«, meinte einst Henry Miller, »ist die weiseste aller Lebensformen«. Helmut Salzinger hat einiges davon abbekommen. Und so hat er geschrieben wie eine Feldmaus buddelt – nicht nur Stadtratten können viel bei ihr lernen.

Für Klaus Modick,
der mich ermutigte, dies Buch zu beginnen,
und für Eugen Pletsch,
der mich ermunterte, es abzuschließen.

Von Mo – Eine Geschichte
Einmal gab es zwei Krötenfamilien in meinem Garten.
Zwei dicke Mutterkröten, behäbig und besonnen, und
unzählige Kinderkröten, die mir oft vor Schreck bei meinem
plötzlichen Erscheinen auf die Füße sprangen.
Das war ein schönes Jahr.

Der Gärtner im Dschungel

Ich kenne ein Gartenbuch, dessen Verfasser hat nie im Leben Hacke oder Spaten in der Hand gehabt, geschweige damit im Garten gearbeitet. Noch dazu erhebt es den Anspruch, Anleitungen für ein ›anderes‹, ein ›alternatives‹, biologisch oder ökologisch schonendes Gärtnern, selbstverständlich ›ohne Gift‹, zu geben.

Soweit ich es beurteilen kann, ist alles, was in diesem Buch steht, richtig. Dennoch ist es unbrauchbar, eben weil, wie ich gehört habe, der Verfasser noch nie im Leben einen Spaten oder dergleichen in der Hand gehabt hat. Es fehlt dem Buch ganz entschieden an jeglichem praktischen Wissen in der Gärtnerei. Es liest sich, als seien sämtliche objektivierbaren Sachverhalte, die es über Gärten zu wissen gibt, an einen Computer verfüttert und von diesem anschließend wieder ausgeschissen worden.

Es gibt andererseits auch Gartenbücher, deren Verfasser ihr ganzes Wissen aus persönlicher Erfahrung im eigenen Garten geholt haben und die dennoch unbrauchbar sind, jedenfalls für mich, hier, weil die hiesigen Witterungs- und Bodenverhältnisse sich von denen in der Region, wo die Verfasser dieser Gartenbücher ihre Erfahrungen gesammelt haben, stark unterscheiden, was gelegentlich zur Folge hat, dass ihre gärtnerischen Anweisungen oder Ratschläge, von mir hier angewandt, zu totalen Misserfolgen führen.

Ein gutes Gartenbuch kommt allein aus der Erfahrung. Mit entsprechenden Konsequenzen für die Handlungsanweisungen, die gewöhnlich auf die Empfehlung hinauslaufen, die eigenen Erfahrungen gefälligst selber zu machen.

Es ist ja auch immer noch die Frage, warum einer einen Garten macht. Das klassische Statement meiner Nachbarin, als sie den ihren aufgab »Aldi ist billiger!«, ist ja wahr. Ohnehin kann meine Nachbarin Qualität sich nur in Form von sehr großen Mengen vorstellen. Dennoch war nicht dies der wirkliche Grund, warum sie ihren Garten aufgab. Der lag vielmehr in der Tatsache, dass sie dermaßen dick geworden war, dass sie aus eigener Kraft nicht wieder hochkam, wenn sie sich mal gebückt hatte. Und ohne sich zu bücken, geht im Garten nichts.

Es gibt ein paar weltberühmte Beispiele für Schriftsteller mit Gärten, in denen gut zu betrachten und zu denken war, auch übern Zaun und die sonstigen Begrenzungen des eigenen Gartens hinaus. Bei Goethe und Hesse wird man indessen bald gewahr, dass sie höchstens wie der berühmte Adenauer, der allerdings kein Schriftsteller war, mit der Rosenschere herumgegangen sind, Triebe stutzten und Blüten schnitten, um sie alsdann zu betrachten. Fürs Grobe im Garten gab's dienstbare Geister, die das erledigten. Ernst Jünger hingegen, in seinem Gemüsegarten zu Kirchhorst, hat selber zugefasst und umgegraben und auch die Schweißtropfen auf seiner Stirne nicht verschwiegen, – ohne sie überzubewerten. Sie gehören seit alters her zur Sache und sind daher erwähnenswert.

Jünger, Hesse und Goethe erweisen sich nur als die Spitzen eines Eisbergs. Genau genommen steht ein Buch über Land- und Gartenbau (was damals, gegen 700 vor Christus, noch nicht säuberlich unterschieden zu werden brauchte) am Beginn der schriftlich festgehaltenen abendländischen Literatur: Hesiods Lehrgedicht *Werke und Tage*. Obwohl Hesiod hier durchaus als Praktiker spricht, wendet er sich doch an Leute, die lesen können, welche Fähigkeit vor zweitausendsiebenhundert Jahren bei der Landbevölkerung wohl kaum vorausgesetzt werden darf, so dass ausgerechnet der Stand des Bauern und Gärtners aus seinem Publikum ausscheidet. Vielleicht ist dieser Verlust ein Indiz für eine weniger starke Praxisbezogenheit des Werkes als ihm gewöhnlich beigemessen wird. Es wäre dann doch weit mehr Dichtung als Lehr- und Handbuch, und die Spannung zwischen diesen beiden Polen bestimmt die reiche abendländische Gartenliteratur bis auf den heutigen Tag.

Ein Großteil der antiken Werke über den Land- und Gartenbau von Nikander (2.Jh.v.Chr.) über Cato d.Ä. (234-149), Varro (116-27) und Vergil (70-19) bis Columella (1.Jh.n.Chr.) und Palladius (4.Jh.n.Chr.) ist von Intellektuellen verfasst worden, deren Kenntnisse über den Gegenstand teils auf ihrer bäuerlichen Herkunft oder ihrem Stand als Grundbesitzer, teils aber auch auf dem Studium der einschlägigen Literatur beruhte. Auch Walahfrid Strabo (808/9-849), Abt der Reichenau und Verfasser eines lateinischen Gedichts über den eigenen Kräutergarten im Kloster, war ein Intellektueller, und zwar einer der hervorragendsten seiner Zeit; doch im Unterschied zu allen früheren Autoren betont er die Rolle der eigenen Erfahrung an seinem Werk: »... nicht landläufiger Rede Erkenntnis/Und nicht allein Lektüre, die schöpft aus den Büchern der Alten:/Arbeit und eifrige Neigung vielmehr ... / ... haben dies mich gelehrt durch eigene Erfahrung« (Vers 15-19).

Strabos Hortulus beschreibt nicht bloß den Anbau, sondern auch die Anwendung der Kräuter, vornehmlich zu medizinischen Zwecken. Parallelen zu anderen zeitgenössischen Werken wie beispielsweise dem *Capitulare de villis* Karls des Großen, einer Art Verwaltungserlass über die Bewirtschaftung der Krongüter, deuten darauf hin, dass sich hier ein bestimmter Pflanzenkanon ausbildete, der für das spätere Mittelalter grundlegend wurde und den Rang der Klostermedizin begründete.

Das Prinzip der Prüfung von Überliefertem durch eigene Erfahrung hat sich bis heute bewährt und gehalten. Die Klosterfrauen der Abtei Fulda, die in den Notzeiten nach dem letzten Krieg zum Gartenbau, und zwar einem – wie man heute sagt – strikt biologischen, gefunden haben, machen alles selber, auch ihre Bücher über den Gartenbau, in denen alles nach den Regeln der Kunst ausprobiert ist. Das macht, dass die Gartenbüchlein der Abtei Fulda in praktischer Hinsicht unübertroffen sind.

Während ich noch dabei bin, die Arbeit dieser geistlichen Gärtnerinnen zu loben, hat mein Garten, der ihren Gartenbüchern eine Menge zu verdanken hat, begonnen sich zu verselbständigen. Was auf diesem Fleckchen Erde wachsen will, das darf hier wachsen. Inzwischen ist es längst dabei, die Grenzen des engeren Gartenverständnisses zu überschreiten und ein Platz für allerlei Getier zu werden. Eins von diesen Tieren bin ich selber, der Bücherschreiber, ein Wurm.

Es gibt einen Käfer, der heißt Buchdrucker und macht Bäume tot. Daran ist ja was Wahres. Damit Bücher gedruckt werden können, müssen Bäume sterben. Zwar werden sie inzwischen eigens zu diesem Zwecke angebaut, doch wird auch dadurch die natürliche Vegetation beeinträchtigt, die sich entwickeln würde, wo jetzt die Pappelplantagen sich erstrecken: ein lebendiger, artenreicher Mischwald vielleicht, urwaldartig. Und es ist ja heute bekannt, dass der tropische Regenwald nächst den Ozeanen das artenreichste Ökosystem (man kann es auch Lebewesen, Organismus nennen) der Erde ist. Diese selbst ist ein solches lebendiges System, Lebewesen, was immer Nietzsche in der *Fröhlichen Wissenschaft* dagegen eingewendet haben mag: »Hüten wir uns, zu denken, dass die Welt ein lebendiges Wesen sei. Wohin sollte sie sich ausdehnen? Wovon sollte sie sich nähren? Wie könnte sie wachsen und sich vermehren? Wir wissen ja ungefähr, was das Organische ist: und wir sollten das unsäglich Abgeleitete, Späte, Seltene, Zufällige, das wir nur auf der Kruste der Erde wahrnehmen, zum Wesentlichen, Allgemeinen, Ewigen umdeuten, wie es jene tun, die das All einen Organismus nennen? Davor ekelt mir.« (109).

Wir sind inzwischen, wo nicht klüger, so doch vorsichtiger geworden, manche von uns. Und wenn wir unsern Planeten Erde als ein lebendiges Wesen erkennen, dann deuten wir ihn mitnichten »zum Wesentlichen, Allgemeinen, Ewigen« um, wie Nietzsche unterstellt, sondern erblicken gerade sein ›unsäglich Abgeleitetes, Spätes, Seltenes, Zufälliges‹, das aber zugleich auch sein Zerbrechliches und Hinfälliges ist, sein Zeitliches und Vorläufiges von unserer eigenen Art. Wir haben den Begriff des Ewigen aus unserem Denkinventar getilgt und können Nietzsches verzweifelten Optimismus bezüglich des Menschen und seiner Möglichkeiten grundsätzlich nicht teilen.

Zwar, Gott ist tot, das stimmt. Doch hat dieses säkulare Ereignis den Menschen nicht zu jenem Übermenschentum befreit, das Nietzsche sich erträumte. Wenn wir etwas vom Wesen des Menschlichen begriffen haben, dann dieses: dass der Mensch als Natur- und Lebewesen von keinerlei Bestimmung über die Erde gesetzt ist, wie es manche von den alten Mythen lehren, sondern dass er von gleicher Art ist wie alles andere Lebendige auch und dass, worin er sich unterscheidet – wenn er es denn tut –, nicht seine Fähigkeit ist, die Erde zu beherrschen, sondern die, sie zu hegen und pflegen als Garten.

In meinem Garten kommt der Buchdrucker nicht vor. Die Bäume, die ich pflanze, befällt er nicht. Dafür wohnt hier ein Buchfink. Durch glückliche Umstände bin ich in den Besitz eines halben Hektars Land samt darauf befindlichen Gebäuden gekommen. Ich hatte eigentlich nur ein Haus gewollt, und das Land wurde mir bald zur Last, da ich es zu halten versuchte wie einen herkömmlichen Rasen, zumindest kurz. Was angesichts meines beschränkten Maschinenparks bald zur Quälerei wurde. Meine Rasenmäher sind sämtlich für eine Wiese dieses Ausmaßes ein paar Nummern zu klein gewesen und zu schwach, und die herkömmliche Sense zu schwingen, das muss einer erst mal gelernt haben. (Inzwischen gibt es Motorsensen, die jeder Idiot bedienen kann und alles niedermachen, was Beine hat.)

Man hat sich diesen unsern oder meinen Garten nicht als das bekannte schwarzerdige Viereck vorzustellen, durch welches schnurgerade Reihen von bestimmten Pflanzen sich ziehen, die nichts als Frucht tragen und das unablässig, sondern einfach als ein Stück Land, auf dem es, nämlich irgendwas, irgendwie wächst. Ein diffuses Phänomen.

Dieser Garten ist weithin ein Produkt des Zufalls. Wir haben bei seiner Anlage keinerlei gartenkulturelles Hintergrundwissen verarbeitet, es sei denn die zufälligen Brocken eines solchen, die sich beiläufig in uns anfanden. Diese Tatsache sollte zur Erkenntnis seiner Besonderheit und Eigentümlichkeit im Bewusstsein gehalten werden.

Nach unserer Absicht wächst und entsteht dieser Garten als Lebensraum für allerlei Pflanzen und Wesen, zugleich als Meditationsraum für mich, der ich ihn anschaue. Darüber öffnet zugleich und verschließt sich mir die Welt. Das Land liegt offen vor meinem Fenster, von dem aus ich einen viele Kilometer weiten, ungehinderten Aus- und Rundblick habe. Diesen Blick in die Weite, in einen Raum, der Himmel und Erde umfasst und weiter so gut wie nichts enthält, wird der aufkommende Garten verwandeln, verengen und verschließen, von einem Ausblick in die Welt zu einem Einblick in dieselbe ummünzen.

Wenn alles gut geht und sofern es mir gelingt, all das zu sehen, was sich zeigt.

Die von einem Außenraum zu einem Innenraum sich verwandelnde Welt bleibt dennoch dieselbe; was sich jedoch verändert, ist nur der Blick, ist mein Verhältnis zu ihr. In einer Welt, die nichts als Außen ist, ein Raum, kann ich mich bloß verlieren, in einer Welt, die innen ist, aber auch finden.

Ein halber Hektar Land, das sind zwei Morgen, fünftausend Quadratmeter, und das ist gar nicht wenig, wenn man Hand anzulegen, diesem Stück der ganzen Erde mit seinen eigenen zwei Händen zu Leibe zu gehen gedenkt, sozusagen jedem Morgen mit einer. Eine sogenannte Resthofstelle ist eine aufgegebene Landwirtschaft, nämlich die Gebäude samt dem Land, auf dem sie stehen und das sie unmittelbar umgibt. Auf diese zwei Morgen Land waren wir nicht gefasst. Wir hatten bloß ein Haus gesucht und waren jetzt damit beschäftigt, es für unsere Bedürfnisse, die wir ja auch erst mal finden mussten, herzurichten. Das brauchte seine Zeit. Also überließen wir das Land zunächst seiner herkömmlichen Bestimmung, nämlich der, von Kühen abgeweidet zu werden. In diesem Fall nicht von eigenen, sondern von denen des Nachbars.

Es war die erste Phase der ›Landflucht‹, anfangs der siebziger Jahre.

Landflucht erwies sich als doppelsinniges Wort. Und als doppelsinniges Phänomen. Für die Leute vom Land bedeutet es Flucht von demselben in die Städte, wo das Leben leichter schien und abwechslungsreicher. Für die Städtebewohner bedeutete es Flucht dorthin. Wir sind als Flüchtlinge hierhergekommen; doch muss ich sagen: wir sind als Nachbarn aufgenommen worden.

Wenn ich hier immer wir sage, dann sind das A., die Frau, und ich, der Mann: und wenn ich immer hier sage, dann ist das Odisheim im Lande Hadeln, im nördlichen Teil des Weser-Elbe- Dreiecks gelegen.

Das sogenannte Weser-Elbe-Dreieck wird durch die Unterläufe und Mündungsbereiche von Elbe und Weser gebildet, sowie durch die Linie Bremen – Hamburg als Grundlinie (große Lösung) beziehungsweise durch die Linie Bremerhaven – Otterndorf (kleine Lösung), jeweils mit Cuxhaven als Spitze. Dieser Landstrich war 1970 die einzige Gegend in Deutschland, die von der Welle der fliehenden Städter noch nicht überschwemmt war, so dass es hier noch zu einigermaßen erschwinglichen Preisen Häuser zu kaufen gab. Der natürliche Grund war der, dass keiner hierhin wollte, und zwar wegen des Klimas. Die Leute gingen lieber in den Süden, wo es wärmer, oder wenigstens nach Ost-Holstein, wo es trockener war.

Nachdem wir uns im Sietland – das ist eine einstige Moorsenke am Rande des Hadler Landes, die heute von den Gemeinden Wanna, Ihlienworth, Steinau und Odisheim besiedelt ist, wo man jahrhundertelang seine liebe Not damit hatte, das Wasser wieder loszuwerden, das von den umgebenden höher liegenden Gebieten hineinlief und sich hier unten sammelte – einigermaßen eingelebt hatten, versuchten wir es selber mit der Landwirtschaft, wenn auch bloß in der einigermaßen beschränkten Form der Schafhaltung.

Schafe bedeuten Zäune, und zwar feste Zäune. Mit den hierzulande üblichen Elektrozäunen, die aus einem einzigen unter Strom gesetzten Draht bestehen und das Rindvieh einigermaßen zurückzuhalten imstande sind, lässt sich gegen Schafe nichts ausrichten. Die sind durch ihre dicke Wolle gegen die Stromschläge geschützt. Schafe haben die Eigenart, beim Fressen einfach geradeaus zu gehen, und sind nur durch unüberwindliche Hindernisse davon abzuhalten, den Platz, auf dem sie sich befinden, zügig zu verlassen. Weil wir so arm waren, konnte ich nur die allerbilligste Art von Zaun errichten, nämlich einen solchen aus Fichtenschwarten, die es bündelweise beim Sägewerk gab, die aber nach einem Jahr im nassen Gras verrottet waren. Zuletzt waren sie so schwach, dass ein Schaf, welches seinen Kopf hindurchgesteckt hatte, um außen an das üppigere Grün zu kommen, und dann einfach weiterging, den Zaun oder Teile von ihm als Halskrause mitschleppte, während sich die anderen freudestrahlend durch die dergestalt entstandene Lücke im Gemüsegarten verteilten, wo sie den frischen Salat abzupften.

Die Schafhaltung erwies sich als recht beschwerlich. Die Schafe vermehrten sich rasch und ungehemmt, während unsere zwei Morgen blieben, wie sie waren. Das heißt, so stimmt das nicht. Sie blieben keineswegs, wie sie waren, sondern wurden rasch kahl gefressen. Jedenfalls reichte es nicht für den Winter. Und als dieser kam, hatten wir für unsere Schafe kein Futter. Nicht zuletzt deswegen, weil mir mein Nachbar schon im Sommer zugesagt hatte, ich könne mich an seiner Silage nach Bedarf bedienen. Auch Heu könne ich von ihm bekommen.

Und so geschah es. Als ich dann einmal in Geschäften verreisen musste, oblag es A., die Schafe zu versorgen. Eines Morgens ging sie, um Heu zu holen, mit der Karre zum Nachbarn hinüber, glitt auf dem Eis aus, stürzte und brach sich das Bein. Da lag sie auf dem Hof, und kein Mensch hörte ihre Hilferufe. Die Fahrer der wenigen vorbeifahrenden Autos, denen sie sich durch Winken bemerkbar zu machen versuchte, winkten freundlich zurück und hielten sie wohl für schon frühmorgens betrunken. Als zufällig nach einer halben Stunde oder so der Bauer des Weges kam, war sie zwar noch bei Besinnung, aber schon beträchtlich unterkühlt.

Ich wurde telefonisch benachrichtigt, und während der Rückfahrt reifte mein Entschluss, unsere sechs Schafe abzuschaffen. Rachsüchtigerweise wollte ich sie alle schlachten lassen, um sie in die Kühltruhe zu stecken. Zum Glück machte unser Schlachter das nicht mit. Zu mehr als dreien ließ er sich nicht herbei, weil er merkte, dass ich nur von Rachegedanken geleitet war. An die drei Alttiere wollte er sowieso nicht heran, und die drei Lämmer, die zu schlachten er sich bereitgefunden hatte, seien, so beklagte er sich bei mir, noch viel zu klein, um schon geschlachtet zu werden. Noch nicht »schlachtreif«, wie er sich ausdrückte. Ihm ging das ganze Unternehmen offensichtlich gegen sein Schlachterethos, und er machte es nur, weil er gerade gewaltig investiert hatte, um sich als Hausschlachter selbständig zu machen. Die drei Muttertiere mussten wir jedenfalls verkaufen, wenn wir sie los sein wollten. Käufer fanden sich rasch, und damit war das Kapitel Schafe für uns erledigt. (Dabei denken wir noch heute wehmütig an Lotte, unser ältestes Mutterschaf, die eine geborene Führernatur war und wahrscheinlich in der neuen Herde nach kurzem Zögern gerufen hatte: alles hört auf mich, woraufhin alles auf sie gehört hatte, womit wir uns zu trösten versuchten. Wiedergesehen haben wir sie nie.)

Folge dieser Unternehmung war, dass ich vom nächsten Frühjahr an wieder gut zwei Morgen Gras kurz zu halten hatte, wenn ich einigermaßen den Überblick behalten wollte, und hierzulande ist das eine Menge Gras.

A. hatte sich zusätzlich zum Küchengarten, der gleich neben dem Haus lag, im äußersten Westen unseres Landes ein Stück Wiese pflügen lassen, um dort einen Gemüsegarten anzulegen, und mir war es verboten, ohne ihre ausdrückliche Genehmigung oder Aufforderung das eine oder das andere Stück zu betreten, geschweige irgendeinen gärtnerischen Handschlag darin zu tun. Sie brauche einen Platz für sich, sagte sie, wo sie tun und lassen konnte, was sie wollte, ohne dass es irgendeinen verdammten Kommentar von mir dazu gab. Wir hatten eine Menge Platz, wenn man berücksichtigt, dass wir nur zu zweit waren, doch es schien immer noch zu wenig zu sein.

Das Ende vom Lied war, dass ich mir mein eigenes Gärtchen nur für mich alleine anlegte, wo ich dann allerdings niemals davor sicher sein konnte, von A. aufgespürt zu werden. Zum Beispiel bei der Ernte.

Oder auch beim Nichtstun.

Ich hatte einen Platz für Beerenbüsche angelegt. Stachel- und Johannisbeere, vor allem schwarze, die wir beide besonders schätzten. Ich hatte diesen Platz mit bloßen Händen freigelegt, die Grasnarbe ausgerissen, um den Büschen Gelegenheit zu geben, sich ungehindert zu entwickeln. Da erwies es sich aber bald als zweckmäßig, den blanken Boden zu mulchen, da er sonst allzu rasch austrocknete, was besonders den schwarzen Johannisbeeren abträglich ist. Sie schätzen einen gut durchfeuchteten Boden, den sie mit reichlich Duft nach Läusen und dicken Früchten danken.

Wenn nicht irgendwas anderes dazwischen kommt, das es verhindert. Im Garten weiß man das nie. Jedenfalls war es ein guter Platz, an dem ich mich gerne aufhielt, und sei es auch nur, dass ich am Grabenrand unterm Wacholder im Gras lag, vorm kalten Ostwind geschützt und von der Frühlingssonne durchwärmt.

Mein selbstgemachtes kleines Paradies, dachte ich dann manchmal. Und dachte weiter: Aber alles geklaut!

Seit jenen Vorgängen im Garten Eden, in deren Verlauf unsere Ureltern samt all ihrem künftigen Nachwuchs offiziell auf ewig verbannt wurden, des Gartens verwiesen, nach draußen gejagt, ins Freie, Offene, Distelige, damit sie dort im Schweiße ihres Angesichts ihr Brot äßen, haftet allem Paradiesischen auf Erden etwas Unverdientes an, als sei es, wenn vorhanden, widerrechtlich erworben, zu Deutsch: geklaut.

In der Tat ist unter uns Liebhabern des Gartens die Unsitte des Ausgrabens und Mitnehmens von anderswo Gewachsenem beinahe schon wieder zur Sitte geworden. Ausgegraben mit allen den Würzlein, wie es schon bei Goethe heißt, wird es zum stillen Haus getragen und dort am mehr oder weniger stillen Ort wieder eingepflanzt, wo es dann meist eingeht. Es muss gar nicht immer der Friedhof oder ein fremder Vorgarten sein, der so geplündert wird; auch das Entnehmen von bestimmten Pflanzen aus der freien Landschaft ist unter Umständen nicht bloß töricht, da die begehrten seltenen Pflanzen einem gewöhnlich zur Zeit der Blüte ins Auge stechen, die aber zu einem derartig brachialen Vorgang wie dem Umpflanzen am wenigsten geeignet ist, nämlich gar nicht (was meinen heftigen Zweifel an der gärtnerischen Sachkunde Goethes in dessen berühmtem Gedicht »Gefunden« nährt), sondern auch, und zwar aus guten Gründen, verboten.

So muss ich gestehen, in den Gründerjahren unseres Gartens sieben junge Kiefern dem entnommen zu haben, was ich damals für freie Landschaft hielt oder richtiger: was ich dafür zu halten mir selber vorgab. In aller Eile schleppte ich sie ins Auto und fuhr damit nach Hause, wo ich sie schön verteilt auf die Wiese pflanzte.

Wie zum Beweis, dass unrecht Gut nicht gedeiht, gingen bis auf eine, die dann allerdings, um das moralisierende Sprichwort Lügen zu strafen, sehr gut gedieh, alle ein. Dies als direkte Folge meines schlechten Gewissens bei der Tat. Ich hatte mir nicht die nötige Zeit genommen, und anstatt, wie es bei Kiefern angebracht ist, die Bäumchen sorgfältig mit dem ganzen Wurzelballen auszugraben, hatte ich sie nur hastig mit dem Spaten gelockert und dann ausgerissen. Damit war der Fall im Grunde schon erledigt. Ich hätte sie gar nicht mehr einzupflanzen brauchen. dass dennoch eine anwuchs, war das unverdiente Glück des Anfängers.

Ein wenig anders verlief es mit den Weidenzweigen, die ich am nahen Seeufer schnitt. Diese, als Stecklinge am Rand der beiden Entwässerungsgräben, die unser Land nach Süden und Norden begrenzen, in den Boden gebracht, entwickelten sich prächtig und bildeten schon im zweiten Jahr die grüne Wand gegen neugierige Blicke, die ich mir von ihnen versprochen hatte. Ganz im Verfolg paradiesischer Vorstellungen gedachten wir solche Wände als Sichtschutz zu brauchen, um auf unserer Wiese nackt in der Sonne liegen und faulenzen zu können, ohne bei etwaigen Beobachtern Anstoß zu erregen.

Dass es auf die Dauer auch mit diesen gesteckten Weiden nicht gut gegangen ist, steht auf einem anderen Blatt. Es ist eine Geschichte, die nichts mit unrechtmäßigem Erwerb zu tun hat, dafür aber mit Mord und Totschlag. Doch davon später.

Zunächst einmal war ich dabei, einigermaßen rat- und planlos über unser Grundstück zu laufen, um mit Hilfe eines kleinen, mittels mehrerer zusammengestöpselter Verlängerungskabel in seinem Wirkungsbereich erweiterten Elektromähers das jahrzehntelang vom Vorbesitzer durch regelmäßige und reichliche Gaben von Kunstdünger übermäßig angeregte Wachstum des Grases im Zaume zu halten.

Es geschah dies keineswegs aus Freude an einem kurzgeschorenen Rasen, sondern in Erinnerung der Quälerei, die es mir einmal verursacht hatte, die ausgewachsene Wiese mit meinem kleinen Wölffchen, das eigentlich wohl nur zur Behandlung einer städtischen Vorgartenwiese von nicht viel mehr als zwei Quadratmetern Fläche bestimmt war, zu mähen. Seither gab ich mir Mühe, das Gras nicht allzu hoch werden zu lassen, wobei mir oft genug das Wetter einen Strich durch die Rechnung machte, indem ein tage-, nicht selten auch wochenlanger Regen das Graswachstum sozusagen beflügelte, das rechtzeitige Schneiden aber dadurch verhinderte, dass das nasse Gras, geschnitten, die Auswurföffnung verklebte und die Drehung des Messers alsbald erstickte.

So musste ich auf besseres Wetter warten und sah mich dann, sobald es gekommen war, wieder einmal zwei Morgen saftigen Grases gegenüber, das, nachdem es in mehrstündigem Hin- und Herzerren des zwar kleinen, aber mit der Zeit immer schwerer werdenden Schneidegerätes endlich niedergemacht war, auch noch zusammengerecht werden musste, was sich der Unebenheiten des Bodens wegen (schließlich handelte es sich ja eben nicht um einen englischen Rasen, sondern um eine ehemalige Viehweide) gleichfalls als recht beschwerlich erwies. Und am Abend, sofern alles gutgegangen war und nicht vorher der Regen wieder angefangen hatte, stand ich vor einer nicht unbeträchtlichen Menge von Grasschnitt, für die es keinerlei Verwendung gab, da – wie ich mich hatte belehren lassen müssen – auch die Kälber dieses Gras nicht fressen. Also ließ ich es, zu einem großen Haufen zusammengekehrt, erst einmal liegen.

Anderntags gab es anderes zu tun, und als ich am dritten Tag wieder vorbeikam, stellte ich verwundert fest, dass mein Grashaufen nur noch halb so groß war wie vorher und dass er innerlich eine gewaltige Hitze entwickelt hatte, unter der das frische Grün zusammengeschrumpelt war und sich in nahezu substanzlose Fasern verwandelt hatte, zwar nicht gerade verbrannt, aber doch gleichsam verascht. (Ich hatte das Geheimnis der sogenannten heißen Sanierung mancher Bauernhöfe durch Selbstentzündung des allzu frischen Heus entdeckt.) Die klebrigen äußerlichen Reste kamen dann auf den Abfallhaufen, den ich damals zutreffenderweise noch nicht als Komposthaufen zu bezeichnen wagte.

In dieser Zeit des Segens, der zur Plage ward, belehrte mich ein Gartenbuch, das mir irgendwie (wahrscheinlich seines Titels wegen: *Die Revolution beginnt im Garten*) in die Hände geraten war, über die Vorteile des Mulchens. Der Verfasser erwies sich keineswegs als Revolutionär in dem Sinne, wie ich den Begriff damals noch verwendete, sondern eher als Gegenteil eines solchen, nämlich als kolonialistischer Ausbeuter, der früher in Ostafrika eine Kaffeeplantage betrieben hatte. Doch sein dort entwickeltes Konzept der Flächenkompostierung, für das er sich in diesem Buch mit Vehemenz einsetzte, erschien mir in meiner Lage als das Ei des Kolumbus, zumal dadurch das beschwerliche Umgraben des Küchengartens, das A. notgedrungen mir zu überlassen sich bereitgefunden hatte, überflüssig werden sollte. Nach dem Konzept der Flächenkompostierung soll aller organische Abfall in mehr oder weniger dünner Schicht auf den blanken Boden zwischen den gezogenen Pflanzen ausgebracht werden, um daselbst zu verrotten. Dadurch, so hieß es, werde gleichzeitig das Unkraut unterdrückt und das Bodenleben angeregt, das die gewünschte Lockerung des Bodens bewirke, ohne dass die Schichtung der Mikroorganismen im Boden, wie beim Umgraben unvermeidlich, durcheinandergebracht würde.

Heureka, das versprach die Lösung manches meiner Probleme im Garten, wenn sich auch bald zeigte, dass sich nicht alles in Tanganjika Bewährte umstandslos auf das Hadler Sietland übertragen ließ. In diesem feuchten Landstrich erweist es sich als schwerer Fehler, den Boden, um ihn vor dem Austrocknen zu bewahren, unter einer dicken Schicht pflanzlichen Grüns zu begraben. Nässe von unten und Nässe von oben verwandelten sie nicht in den begehrten Humus über einem lockeren, krümeligen Boden, sondern in einen ekelhaften Matsch, der erst einmal abgekratzt werden musste, damit der Boden einigermaßen abtrocknen konnte, wobei er dann eine ziemlich feste Oberfläche bildete, die durch mühseliges Hacken (anstelle des mühsamen Umgrabens) für die neue Saat geöffnet werden musste.

Immerhin, ein Erfolg der Mulchmethode war unübersehbar: Es gab so gut wie kein Unkraut. Im Übrigen weiß man ja, dass Fehler dazu da sind, um aus ihnen Lehren zu ziehen, und so erbrachte in späteren Jahren ein weniger reichliches Mulchen dann endlich doch noch die erwünschte Wirkung.

Obwohl sich auch dazu noch einiges sagen ließe. So war zum Beispiel eine dünnere Mulchschicht nicht imstande, das Unkraut zu unterdrücken, so dass dieses, wenn es A. aus irgendwelchen Gründen, die aber ihre ureigenste Angelegenheit darstellten (und ich durfte ja nicht in ihren Garten), nicht gelang, es vor der Samenbildung zu jäten, in dem durch Mulchen gelockerten Boden die allerfeinsten Bedingungen zur Entwicklung einer neuen Generation vorfand, wozu es sich alsbald anschickte, und zwar durchaus auf Kosten der angesäten Nutzpflanzen, deren Saat sehr viel länger zum Keimen braucht. Und wenn jetzt nicht rechtzeitig und rigoros gejätet wurde, waren die jungen Pflanzen rasch unter dem wuchernden Unkraut begraben und erstickt.

Das Gärtnern erwies sich als eine recht komplizierte und aufwendige Angelegenheit, die Kenntnisse und Bereitschaft zu persönlichem Einsatz verlangte. Ich konnte mir kaum jemanden vorstellen, der von beidem weniger mitgebracht hätte, als ausgerechnet mich. Schon in meinen Kinderjahren, die ich der Bombenangriffe auf die Städte wegen großenteils auf dem Lande verbringen musste, hatte ich Land- und Gartenarbeit im Besonderen und im Gefolge davon die Natur ganz allgemein zu hassen gelernt. Ich war ein Großstadtkind und hatte Heimweh nach Häuserzeilen und Steinwüsten, in welch letztere die Häuser allmählich verwandelt wurden.

Umgraben, Jäten, Hacken, derlei langweilige Beschäftigungen überließ ich gern meiner Mutter, die mich zu ihrer eigenen Entlastung dazu anzuhalten versuchte, und was die Ernte betraf, nun, ich war sowieso kein Freund von Gemüse. Und wenn es etwas gab, das ich noch mehr ablehnte als die Arbeit im häuslichen Garten, was ich geradezu aus dem Grunde meines Wesens verabscheute, so dass mir die Tränen kamen, sofern ich dazu gezwungen wurde, dann waren das solche landwirtschaftlichen Hilfsarbeiten wie Rübenverziehen und Kartoffelkäfersuchen, zu denen wir Kinder von der Schule klassenweise abgeordnet wurden, um unsern Dienst an der Heimatfront zu leisten, wie der Lehrer sagte.

Hier entwickelte ich bald eine beachtliche Fähigkeit darin, mich unter aller Augen zu drücken, sei es, dass ich beim Rübenverziehen immer weiter hinter den anderen Kindern zurückblieb, bis die Bäuerin, die die Aufsicht führte, ein Einsehen hatte und mich als hoffnungslosen Fall von Stadtkind nach Hause schickte, oder sei es, dass ich beim gemeinschaftlichen Sammeln von Kartoffelkäfern zwischen dem hohen Kraut in der Furche verschwand und mich, in Gegenrichtung robbend, auf eigene Faust aus der Suchmannschaft entfernte.

Dann konnte ich der Lieblingsbeschäftigung meiner Kinderjahre auf dem Lande nachgehen und ziellos durch die Gegend streifen, zwischen turmhohen Buchen im Wald von irgendeinem Paradies träumend, das Ähnlichkeit mit Häuserzeilen hatte und hier nirgends zu finden war.

Eines immerhin habe ich, wenn auch widerwillig, in diesen Jahren gelernt: das Erkennen und Sammeln bestimmter Heilkräuter, wozu wir von der Schule – ebenfalls als Dienst an der Heimatfront – angehalten wurden und was mir eine sozusagen offizielle Legitimation für meine Streifzüge durch Wald und Flur verschaffte, von denen ich dann auch meist mit mehr oder weniger dicken Bündeln von Schafgarbe, Schachtelhalm oder Kamille zurückkehrte – in dem rechtschaffenen Bewusstsein, meinen Teil zum Gewinnen des Krieges beigetragen zu haben.

Wir verloren ihn trotzdem, und mehr als ein Dutzend Jahre später, inzwischen längst wieder ein Städtebewohner geworden, fand ich mich als junger Student in einem alten verwilderten Obstgarten wieder, wo von mir erwartet wurde, die Bäume zu schneiden, den und jenen Baum zu fällen, Kirschen und später Äpfel zu pflücken und hie und da am Rand ein bisschen umzugraben für ein künftiges Gemüsebeet und so weiter wie gehabt. Ich war in diesem Hause täglich zu Gast und empfing allerlei Gastfreundlichkeit, und so war es unmöglich, mich den in mich gesetzten Erwartungen ganz zu entziehen. Doch eines war klar: Ich hasste es. Es war eine Art von Arbeit, die mir als angehendem Intellektuellen durchaus fern lag, und im Konflikt zwischen Abneigung und moralischer Verpflichtung verstieg ich mich zu allerlei geistvollen Aphorismen und unausgegorenen Sophistereien über die Natur, die mir seither glücklicherweise sämtlich entfallen sind. Nur eines weiß ich noch: ich hab es gehasst.

Und es dauerte auch nicht lange, so ließ ich diesen Garten hinter mir, um mich endlich dem wilden Leben in den Kellern und Kneipen, den Vorstadtbars und Beatschuppen in die Arme zu werfen, wo ich fand, was ich damals »zweite« Natur nennen zu können glaubte, was aber nicht viel mehr war als eine Art letzter Zuckung der ersten (und einzigen).

Über deren Geheimnisse und Geheimnis sah ich mich eine weitere Weile später durch Carlos Castaneda und Don Juan belehrt. Diese Belehrung erwies sich als ein sehr langer Prozess. Jahrelang habe ich ein Krieger werden wollen, was immer das heißen mochte, bis ich irgendwann merkte, dass ich, anstatt ein Krieger zu werden, dabei war, ein Gärtner zu werden. Irgendwas musste schief gelaufen sein.

Doch was, so überlegte ich dann, wenn ich dadurch ein Krieger würde, dass ich Gärtner werde? Dass ich nämlich ein Gärtner werde, wie ein Krieger Krieger ist: perfekt.

Na, mal sehn.

Gärtner werd ich dadurch, dass ich Garten mache, und zwar mit und aus dem Land Garten mache, das ich besitze. Ich mach das mit A. zusammen, das heißt, in Wirklichkeit macht sie es, und ich mache es bloß mit (oder nach), aber es hat sich jedenfalls ergeben, dass ich begonnen habe, meinen Blick auf die Dinge zu richten, die mich umgeben, und den Wesen, die hier leben, beim Wachsen zuzuschauen.

Seither ist immer was los, selbst wenn nichts geschieht. Mein Zeitgefühl hat sich verändert. Zeit ist ein gleichmäßiger Fluss geworden. Sie geht an mir vorbei wie das Wasser in einem Fluss, das vorbeiströmt. Gleichmäßig. Die Jahre werden rund, gehen auf, gehen ab und wieder auf. Wie die Sonne zwischen Morgen und Nacht. Mein Blick weitet sich, ich bekomme ein Gefühl für natürliche Rhythmen. Das Jahr schließt sich zu einer zyklischen Einheit zusammen, einer Vegetationsperiode von Wachsen, Vergehen und Ruhe. Dann eine neue Runde. Jede Pflanze nimmt daran teil, und ich nehme allmählich wahr, dass auch ich selber, wenn ich es nur zulasse, an diesem rhythmischen Kreislauf beteiligt bin. Ich gehe zwischen den Lebewesen, die den Garten bevölkern, herum und habe gelegentlich das Gefühl, selber ein solches Lebewesen zu sein, ein Wesen wie alle, von ihrer Art und Natürlichkeit. Das Empfinden, das sich dabei zuweilen einstellt, erinnert mich an so etwas wie Glück.

Zum Glück gibt es in unserm Garten, als hätte Gott der Herr sich seinerzeit versehen, außer denen, die wir selbst aus Gründen der Dekoration und, um darauf zu sitzen, hineingetragen haben, keine Steine. Das gilt übrigens nicht bloß für unsern Garten, sondern für das ganze Land, in dem er liegt, und ist, wie jeder Gartenliebhaber aus Erfahrung weiß, etwas ganz und gar Ungewöhnliches. Steine sind die natürlichen Hindernisse des Bodens, durch welche er seinem Umgegraben- oder Gehacktwerden jenen minimalen, aber dauerhaften Widerstand entgegensetzt, der dem Gärtner den Schweiß auf die Stirn treibt und ihn unter Umständen zum Einhalten zwingt. Und der ihm, sofern er noch gering an Erfahrung ist, die Idee in den Kopf setzt, er könne dieses Problems womöglich durch Absammeln der Steine Herr werden.

Versuch macht klug, erzeugt aber in diesem Fall nicht bloß die unbrauchbaren Steinehaufen neben den Beeten, sondern mehrt auch die Zahl der Steine im Garten generell, weil diese die wundersame Eigenschaft besitzen, um so reichlicher von unten her nachzuwachsen, je mehr von ihnen oben abgesammelt werden. Keiner weiß, wieso, der Plage jedoch ist kein Ende, bis man sich in die Gegebenheiten schickt oder den Garten aufgibt.

In unserm Garten ist das nun, wie gesagt, anders, weil es darin keine Steine gibt. Weder solche, die herumliegen, noch solche, die von unten her nachwachsen. Diese Ungewöhnlichkeit muss mit den ungewöhnlichen Umständen Zusammenhängen, die vor etlichen Jahrtausenden zur Entstehung dieses Landes geführt haben, das seinerzeit nicht eigentlich Land, sondern eine Bucht der Nordsee gewesen ist, die täglich zweimal vom Wasser überschwemmt wurde, wodurch Sand und pflanzliche Ablagerungen herangetragen wurden, welche sich im Laufe der Zeit in der Öffnung der Bucht zum Meere hin ansammelten, bis sie diese Öffnung versperrten und die beiden täglichen Flutwellen draußen hielten. Der innen liegende Teil der Bucht verlandete, wurde sumpfig und begann, nachdem das Torfmoos sich angesiedelt hatte, auf weite Strecken hin als Hochmoor zu wachsen, bis die Menschen kamen, um das Moor trocken zu legen. Steine, sofern die Eiszeitgletscher überhaupt welche nach hier transportiert hatten, lagerten tief unter den Sand- und Sedimentschichten des trockengelegten einstigen Meeresbodens, der somit zu einer anscheinend ungehinderten Bearbeitung und Bewirtschaftung einlud.

Werch ein Illtum!

Das trockengelegte Innere der einstigen Nordseebucht lag immer noch tiefer als der benachbarte Meeresspiegel, so dass, wenn es regnete oder die Nordsee aus irgendwelchen Gründen über Normalnull anstieg, alles Wasser seine Eigenschaft bewies zu fließen und sich am tiefsten Punkt zu sammeln. Der aber war gerade dort, wo die Menschen neuerdings Land- und Gartenwirtschaft oder, was damals dafür galt, zu betreiben versuchten, und man kann sich schon vorstellen, was dabei herauskam. Zwar, Steine gab es keine, aber außer Wasser auch wenig sonst, und der Rest dieser Geschichte ist die der Landnahme und des Deichbaus, welche die hiesige Variante des alten landwirtschaftlichen Themas ›viel Steine gabs und wenig Brot‹ darstellt. In unserem Sietland gabs halt jahrhundertelang viel Wasser und wenig Brot, und wenn auch das gewonnene, dem Wasser abgerungene Land sich dem Graswuchs und damit der Viehhaltung als förderlich erwies, so zeigte sich der im allgemeinen fette und nasse Boden als besonders geeignet, solche Gräser und Grasarten in üppigen Mengen hervorzubringen, für die der Landwirt und Gärtner normalerweise keine Verwendung hat, namentlich Schilfrohr und Quecke. So auch das Land, das wir uns als Garten ausersehen hatten.

Aus meinen anfänglichen Bemühungen, es möglichst flach zu halten (was ein gleichsam besinnungsloser Versuch zur Anpassung an die neue Umgebung gewesen ist), hat sich inzwischen die Praxis entwickelt, alles, was will, wachsen zu lassen, wie es will, und was wächst, beim Wachsen allerhöchstens ein wenig zu lenken. Dies allerdings, wenn es nicht anders geht, mit Spaten und Axt und inzwischen auch mit der Motorsäge.

Nun sorge ich mich um ein Pflaumenbäumchen, das ich im letzten Frühjahr auf den Hof gepflanzt habe. Vielleicht ist der Platz nicht gut; es sitzt jedenfalls voller Läuse und kümmert.

Zuerst saßen sie bloß auf den jüngsten Blättern der jüngsten Triebe, kleine Flecken bildend, etwas dunkler als ihre Umgebung, inselartig. Von da breiteten sie sich allmählich aus, griffen auf die größeren, älteren Blätter und Triebe über, größere, dickere Flecken bildend, die sich endlich über Zweige und Äste ausdehnten und im Verlauf zweier Tage den ganzen Baum erfassten. Selbst auf der Rinde wimmelt es inzwischen von grünen Blattläusen, und mit unbewaffnetem Auge ist nicht auszumachen, was sie, außer herumzuwimmeln, dort eigentlich tun.

Seit neuestem sieht es so aus, als hätten sie begonnen auszuwandern. Dennoch erscheint ihr Verhalten zweideutig. Viele haben sich über Zweige und Äste zum Stamm hin auf den Weg gemacht, nach unten, ins Dunkle. Heute wimmelt es jedenfalls von kleinen grünen Blattläusen, die zielstrebig den Erdboden zu erreichen suchen. Sie haben, bei ihrer winzigen Körpergröße, noch einen sehr weiten Weg vor sich. Indessen sind jedoch fast ebenso viele in entgegengesetzter Richtung unterwegs, nach oben, hinauf. Ans Licht. Als hätten sie vor, die frei werdenden Plätze der Auswanderer einzunehmen. Zwei Ströme von kleinen grünen Blattläusen, die gegeneinander durcheinanderwimmeln, hinauf, hinab, und so scheint das ganze bewegte Gewimmel auf der Stelle zu treten. Wie im Gleichgewicht.

Doch auf dem Flecken Erde, wo ich stehe, wimmelt es auch schon von kleinen grünen Blattläusen. Wenn ich nach unten, auf meine Füße, blicke, sehe ich sie bereits in Scharen die Schäfte meiner Stiefel ersteigen, als sei ich nicht bloß ein Baum, sondern, nach der Lehre der biologischen Gärtnerei, dass nur kranke Pflanzen von Schädlingen befallen werden, ein krankes Pflaumenbäumchen.

Doch soweit ist es noch nicht. Ich werde vorläufig noch gebraucht. So bedürfen beispielsweise die Birken meiner Hilfe, und nur, wenn es mir gelingen sollte, ihnen beim Wachsen ein wenig behilflich zu sein, werden sie sich zu dem Birkenwäldchen entwickeln, das ich mir von ihnen erhoffe.

Erst habe ich sie geholt, einen ganzen Kleinlastwagen voll. Zusammen mit dem Nachbar in aller Eile ausgegraben, nach Feierabend, es dunkelte schon, mehr ausgerissen, gewühlt, gezerrt, aus dem Boden an einem Platz, wo sie sich selbst ausgesät hatten, dicht an dicht standen und demzufolge hoch aufgeschossen waren, lange biegsame dünne Stämmchen mit winzigen Kronen. Die gesamte Fläche dieses Birkenbuschs sollte am nächsten Tag gerodet, planiert und in einen Parkplatz verwandelt werden. Daher die Eile, um noch vor Anbruch der Dunkelheit fertig zu werden und zu retten, was zu retten war.

Plötzlich besaß ich einen ganzen Kleinlaster voll junger Birken, die eingepflanzt sein wollten. Aber wo und wohin? Das zu überlegen und zu planen braucht seine Zeit. Also erst einmal in den Wassergraben mit ihnen und ihren Wurzeln. Die nächsten Tage war ich dann damit beschäftigt, Pflanzlöcher auszuheben. Es zeigte sich sehr bald, dass es zu viele Bäumchen waren, um jedem einen eigenen Platz zu geben, wie Birken es eigentlich verlangen. Unser Grundstück war zu klein, um sie einzeln auszupflanzen, und wenn ich sie alle behalten wollte, musste ich einen kleinen Wald anlegen. Loch an Loch grub ich, im Hinblick auf die künftige Entwicklung der Stämmchen zu Bäumen jeweils im Abstand von drei bis fünf Metern (was wohl immer noch zu wenig war), lächerlich weit auseinander, wenn ich die mickrigen Krönchen sah, die sie durchweg zerrupften Reisigbesen ähnlicher machten als Birkenbäumchen.

Die bald einsetzenden Frühjahrsstürme trafen eine erste Auswahl. Viele der dünnsten Stämmchen brachen ab. Von diesen schlugen allerdings einige bald an der Bruchstelle grün aus, und es schien, als wollten sich diese noch am besten von allen entwickeln.

Die anderen, die den Stürmen widerstanden hatten, trieben kaum ein paar Dutzend Blätter, mit denen sie über den Sommer kommen und ausreichend Wurzeln bilden sollten, um für die Herbststürme festen Stand zu haben.

Ein paar kamen gar nicht erst so weit. Ihre wenigen Blätter trockneten über den Sommer aus und ihre dünnen Stämme dazu. Man konnte es schon von weitem an der merkwürdig steifen, unelastischen Art ihrer Bewegungen unterm Wind erkennen. Sie verloren ihre Fähigkeit sich zu beugen, die für Birken charakteristisch ist, und als es ernst wurde mit dem Wind, in der ersten Sturmnacht, brachen sie sämtlich ab. Die anderen, die stehen geblieben waren, überstanden auch die nächsten Stürme.

Im nächstfolgenden Frühjahr sahen sie nach wie vor struppig und räudig aus, saßen aber voller Knospen an ihrer nach wie vor mickrigen Krone. Das kostete ebenfalls einige das Leben. Denn das zu tragen, was ihnen da nun auf dem Kopf wuchs, waren ihre Stämme viel zu schwach. Alle beugten sich unter der Last des frischen Grüns gegen den Boden. Nachdem einige abgebrochen waren, versuchte ich den anderen dadurch Erleichterung zu verschaffen, dass ich ihnen wenigstens die Früchte abpflückte. Eine von diesen, deren Rinde noch dazu von den Schafen bös verletzt war, band ich schließlich an einen Pfahl, um sie zu retten. Fürs erste gelang es, aber sie beugte noch im dritten Jahr ihre Krone so tief wie die anderen im zweiten, und hätte sie nicht der Pfahl gehalten (der allerdings absichtlich für ihre Größe zu niedrig gewählt wurde, damit es ihr nicht allzu leicht gemacht würde, den Kopf oben zu behalten), wäre sie unter der Last ihrer Krone jetzt erst recht zusammengebrochen.

(Ein Freund, der auf Besuch kam, erklärte meine umständlichen Versuche, dieser einzelnen Birke aufzuhelfen, kopfschüttelnd für Quälerei und empfahl mir, sie kurzerhand abzusägen, was ich, nachsichtig lächelnd, ablehnte. Und noch heute, ein gutes Dutzend Jahre später, nachdem der Baum sein einstiges schiefes Wachstum längst durch Ausbildung eines kräftigen Astes in entgegengesetzter Richtung ausgeglichen und seine Krone ins Gleichgewicht gebracht hat, nenne ich ihn bei mir Tsaks Birke.)

Die anderen haben inzwischen angefangen, sich mit den jeweils gegebenen Möglichkeiten einzurichten und daraus ihre je eigene Gestalt zu entwickeln. Es zeigt sich, dass Birken die Tendenz haben, der einmal mitgebrachten Kronenform zu folgen, das heißt, ihre Krone in der Richtung weiterzuentwickeln, die ihre vorgegebene Form ihnen weist. Es ist dies die spezielle Eigenart von Birken. Solange sie allein stehen, haben sie keine charakteristische Kronenform. Als ausgesprochene Einzelwesen wollen sie nicht allesamt aussehen wie ein und derselbe Baum.

Allerdings sind sie nunmehr dabei, vom Fuß an aufwärts die charakteristische silberweiße Haut zu bilden, aus der sich später nach der Wetterseite zu eine dicke schwarz und grünliche Borke entwickeln wird. Ich habe angefangen, den Birken beim Wachsen zuzuschauen und versuche mir vorzustellen, wie sie sich als Wäldchen ausnehmen werden. Aber bis dahin hat es noch gute Weile.

Auch die geklaute kleine Kiefer wird dann ein Baum geworden sein und der dürre Stecken ihr gegenüber, der unsern Ehebaum abgeben soll, eine Trauerweide. Um den Bäumen beim Wachsen Zusehen zu können, braucht es vor allem Zeit und Geduld, und beides muss ich mir erst erwerben; denn nur unter der Beharrlichkeit des Zublicks geben sich die Bäume allmählich als Wesen mit eigener Individualität zu erkennen, die sich dem annähert, was wir im Hinblick auf Menschen als Persönlichkeit bezeichnen.

So ist es mir nun wirklich zum Problem geworden, ob ich die drei alten Erlen zu Süden der Scheune am Grabenrand fällen soll. Doch ich brauche das Sonnenlicht, das sie zurückhalten, auf dem Platz, wo die alte Scheune gestanden hat. Wenn die Erlen fallen, entsteht eine Schneise für den Kräutergarten, den ich hier anlegen will, um das Sonnenlicht über den Boden zu lenken (und es durch neu zu pflanzende Schattenspender zu dosieren).

Vorausgesetzt natürlich, die Sonne scheint.

Doch die Sonne wird scheinen. Wenn nicht in diesem Jahr, dann im nächsten, und der Garten wird über mich hinweg in die Höhe wachsen und irgendeines schönen Tages mich und meine Wege bedecken. Dann wird der Macher des Gartens zum Bewohner des Gartens geworden sein und recht eigentlich zu seinem Bewuchs gehören, wie die kleinen Käfer und Spinnen unterm Gras dazu gehören, die sich zwischen den Halmen bewegen, wie ich mich zwischen Bäumen, Büschen, Hecken bewegen werde.

PRAKTISCH HABE ICH ALLERDINGS noch immer von nichts eine Ahnung; immerhin hab ich begriffen, dass das Lesen von einschlägigen Büchern ein recht fragwürdiger Weg zum Erlernen der Praxis ist. Das gilt eigentlich immer, doch im Garten gilt es besonders.

So gibt es beispielsweise die wundersamsten Kräuterbücher, in denen anscheinend alles festgehalten ist, was es über Kräuter zu wissen geben kann. Und was im Willfort nicht erwähnt ist, das findet sich wahrscheinlich im Boros. Dennoch zeigt sich bald, dass das Lesen von Kräuterbüchern ein ganz untauglicher Weg ist, die Kräuter zu lernen. Das beginnt schon bei den Abbildungen der Pflanzen, die sie gewöhnlich in ihrer Blühphase zeigen und dem Betrachter suggerieren, sie böten nicht bloß immer dieses eine, sondern überhaupt ein einheitliches, feststehendes Bild, was ganz sicher nicht der Fall ist. Vielmehr bietet die Pflanze ganz im Gegenteil je nach Jahreszeit und Standort ein recht unterschiedliches Bild, was es demjenigen, der sie nur aus Büchern kennt, oft unmöglich macht, sie überhaupt zu erkennen.

So gibt es Kräuter, die in ihrer ersten Vegetationsphase im Frühjahr eine völlig andere Gestalt haben als später im Jahr. Der Schachtelhalm (auch Zinnkraut genannt) gehört dazu und der Huflattich, der gelegentlich schon im Februar zu blühen beginnt, aber erst nach der Blüte seine charakteristischen rundlich-herzförmigen Blätter bildet. Dagegen blüht der Schachtelhalm überhaupt nicht, sondern entwickelt im Frühjahr sporentragende Fruchtstengel, die sich nach der Sporenbildung zu den bekannten quirlförmig stehenden grünen Ästen auswachsen, die der Pflanze bei oberflächlicher Betrachtung eine entfernte Ähnlichkeit mit sehr kleinen Fichten geben.

Das alles steht zwar in den Büchern, aber solange ich es bloß lese, wird es mir nicht greifbar, sehe ich es nicht. Erkennen, greifen kann ich immer nur eine konkrete Pflanze, und die muss ich nicht nur erst einmal erkennen können, bevor ich sie greifen kann, sie muss auch erst einmal da sein. Die Kräuter in den Kräuterbüchern sind meist an Ort und Stelle im Alphabet zu finden, die in der freien Landschaft mitnichten.

Erst wenn ich weiß, was hier zu finden ich erwarten kann, hat es Sinn danach zu suchen, und erst, wenn ich's gefunden habe, kann ich anfangen, es zu betrachten, um an der Pflanze selber das Gelesene zu suchen und wiederzufinden und sie so allmählich kennenzulernen, Kraut um Kraut. Ein mühsamer Weg.

Auch die Befragung der Eingeborenen ist ein Weg mit mancherlei Hindernissen. Auf der Suche nach dem kieselsäurehaltigen Schachtelhalm, den ich schon aus meiner Kinderzeit zu kennen glaubte, fand ich in einem Entwässerungsgraben eine große Pflanzenkolonie, die ich nach meiner Kenntnis, aber auch nach der Abbildung im Buch für die Sommerform des gesuchten Schachtelhalms halten musste. Der Nachbar, dem ich meinen Fund zeigte, bezeichnete die Pflanze verächtlich als Duwock, welchen Namen ich noch niemals gehört hatte und für eine regionale Phantasieschöpfung hielt, und als ich ihm erklärte, es handele sich um eine wertvolle Heilpflanze, zuckte er skeptisch die Achseln. Erst viele Jahre später fand ich heraus, dass der kieselsäurehaltige Ackerschachtelhalm (Equisetum arvense) auf sandigem oder lehmigem Boden wächst, was wir hier beides nicht haben, aber keinesfalls im Wasser, die von mir gefundene Pflanze also etwas anderes sein musste, nämlich, wie mich dann ein inzwischen neu erworbenes Buch belehrte, der Sumpfschachtelhalm oder – Duwock (Equisetum palustre), eine fürs Vieh leicht giftige Pflanze ohne besonderen Kieselsäuregehalt.

Wie gesagt, ein mühsamer Weg.

Eines Abends, kurz vorm Dunkelwerden, fand ich auf einer Wanderung eine Stelle, wo es die Echte Kamille (Matricaria chamomilla) gab und nicht bloß die ewige Falsche oder Strandkamille (Matricaria maritima) der Viehweiden, die als Heilkraut nichts wert ist. Anderntags bin ich hin, um sie zu sammeln. Brachte auch Wurzeln mit, um sie im Garten anzusiedeln. (Was, notabene, meine vollkommene Ahnungslosigkeit bezeugte. Kamille ist einjährig, und eine Pflanze, während der Blüte umgesetzt, geht in der Regel ohnehin ein, besonders aber, wenn es sich um ein Wildkraut handelt, das sich den Platz, wo es wachsen will, selber sucht. Dennoch bin ich guten Mutes.)

Seitdem ich mich entschlossen habe, hier einen Garten anzulegen, hat meine Lebensweise angefangen sich zu verändern. Ich bin jetzt die meiste Zeit des Tages draußen, entweder auf dem Grundstück beschäftigt oder irgendwo zu Fuß unterwegs, auf der Suche nach Pflanzen oder einfach nur so. Letzteres kollidiert allerdings mit meinen Gebrechen. Die Fußprobleme, die sich durch meine neuerworbenen Schuheinlagen einstellen, scheinen die Fußprobleme, zu deren Behebung sie eingelegt worden sind, dadurch lösen zu wollen, dass sie sie noch übertreffen. Kein Stiefel, der mehr passte, und die Füße werden umso mehr gequält. Schließlich lasse ich die Einlagen wieder weg und stelle fest, dass die Lösung meiner Fußprobleme das Laufen ist. Das Querfeldeingehen auf gewachsenem Boden bekommt meinen Füßen auf die Dauer besser, als wenn sie lediglich geschont und zum Schreiben untern Tisch gestellt werden.

Mit Zufriedenheit jedoch sehe ich, wenn ich von diesem Schreibtisch aufblicke, vorm Fenster draußen zwischen den Himbeerranken zwei Amseln die Bodenbedeckung vom Vorjahr nach Futter durchwühlen und dabei unfreiwillig den Boden lüften. Eifrig kratzen und zerren sie an der zu einer zähen Schicht verfilzten Mulchdecke, die sie zu kleinen Fetzen zerrissen in hohem Bogen beiseite werfen, um an den lockeren Boden darunter zu gelangen, wo sich schon das neue Bodenleben rührt, wenn auch die nächtlichen Temperaturen noch unter den Gefrierpunkt sinken. Die Vögel suchen nicht links und rechts auf den Wiesen, die mein Stück Land umgeben, sondern hier, weil sie hoffen können, hier zu finden, was sie suchen: dicke Würmer, fette Larven.

Es zeigt sich, dass ich ihnen bloß Deckung zu bieten brauche, damit sie sich alsbald einfinden und mir behilflich sind, dies Stückchen Land zu beleben und bewohnbar zu machen. In diesem Jahr wimmelt es hier schon jetzt, Anfang März, von vielerlei Vögeln. Spatzen natürlich, scharenweise, Buch- und Grünfinken in Mengen, viele Blau- und Kohlmeisen, Stare und verschiedene Drosseln. Dazwischen einzelne, die seltener sind. Den ganzen Winter über hat sich am Rande der Spatzenschwärme ein Rotkehlchen bei den Futterplätzen, die von A. angelegt worden sind, aufgehalten. Auf dem Hof habe ich einen Zaunkönig gehört, und einmal sah ich sogar einen Eisvogel. Aber das war nicht hier auf dem Hof, sondern an dem Fluss im Westen. Ein Eisvogel hat etwas von einem zu groß geratenen Kolibri. Schwirrt mit den Flügeln und ist leuchtend bläulich grün.

Ich brauche all die Vögel, damit sie die Insekten fressen, die ich durch meine Anpflanzungen von Büschen und Bäumen mit den Vögeln zugleich hierher gelockt habe. Keine Pflanze ohne ihre speziellen Raupen, Käfer, Falter, Fliegen, Läuse, die sich auf ihnen oder von ihnen ernähren, und kaum eins dieser Insekten, das nicht irgendwem anders zur Nahrung diente. Und irgendwo zwischen all diesem Fressen und Gefressenwerden hoffe auch ich, für mich und meinen Winter ernten zu können.

Das aber, so hat sich rasch gezeigt, wird sich nur dadurch machen lassen, dass ich für Überfluss sorge. Es muss in diesem Garten so viele Johannisbeeren geben, dass die Stare sie gar nicht alle fressen können. Und die Amseln auch nicht. Ich stelle mir einen Garten vor, in dem es immer etwas zu ernten gibt. Das ganze Jahr über. Beeren oder Früchte, die sich pflücken, Knollen, die sich ausgraben lassen. Selbst im Winter, wenn der Garten scheinbar tot ist, lässt sich die Topinambur-Knolle (die nicht gelagert werden kann) ernten und bietet dem Genügsamen Frischkost. (Es ist allerdings Vorsicht geboten; hat man sie erst einmal in den Garten gelassen, wird man sie nur sehr schwer wieder los.) Ein Garten bietet tatsächlich die Möglichkeit einer natürlichen und weitgehend autarken Ernährung. Voraussetzung ist jedoch, wie gesagt, Genügsamkeit, und das bedeutet die Bereitschaft, in der kalten Jahreszeit auf die Genüsse des Sommers zu verzichten. Wem dies gelingt, wer im Winter ohne jungen Blattspinat und ohne grünen Salat auszukommen imstande ist, der hat im Prinzip das Problem gelöst. Er braucht weder den Aldi noch die EG mit ihren holländischen Gewächshäusern.

Natürlich hat, was ich mir unter einem biologisch geführten Garten vorstelle, keine Chance, von den alternativen Experten des

Gärtnerns, die in der Regel auf den Beweis aus sind, dass die biologische Anbauweise zumindest ebenso ertragreich sei wie die herkömmliche, die mit Gift und Kunstdünger arbeitet, auch nur als Garten anerkannt zu werden. Unsere Erträge lassen zu wünschen übrig. Entweder hat das Wetter nicht mitgespielt, und es war zu bestimmten Zeiten für die Bohnen zu trocken oder für die Erdbeeren zu nass, oder die Wühlmaus hat die Richtung entdeckt, in der sie einfach nur geradeaus zu gehen braucht, um immer junge zarte Möhren ernten zu können. Bei uns dürfen die das. Für A. gehört auch die Wühlmaus zu den Bewohnern des Gartens, und für die strategischen Vorschläge mancher alternativen Gartenbücher, dass Gartennachbarn sich zusammentun und gemeinsam die Wühlmäuse bekämpfen sollten, hat sie nur ein verächtliches Schnauben übrig. Ginge es allein nach ihr, dann könnte hier wirklich alles wachsen, was wachsen will, Bäume, Büsche, Blumen, Gemüse, Kräuter und Unkräuter, selbst der ewige Gänsefuß, Gräser und Farne, alles durcheinander, Frösche, Vögel, Igel und Insekten, Kröten, Wiesel und auch wir zwei Menschen und die Hunde, und zwischen all dem Wildwuchs wüchse halt auch was für uns. Wichtig wäre nur, es so einzurichten, dass die Vögel, die Raupen und die Schnecken satt werden. Der Rest wäre für uns.

In solcher wohlgetanen Wildnis sollte sich sogar die Katze gelegentlich einen kleinen Vogel pflücken dürfen. Komischerweise hakt's da bei mir aus. Da schreite ich ein. Die Katze darf nicht, jedenfalls keine Vögel. Ähnlich reagiere ich bei Raupen und Läusen, wenn sie die von mir gehegten Stachelbeerbüsche oder Stauden aufzufressen drohen. Auch da schreite ich ein. Andererseits, wenn der Sperber kommt und sich eine Meise greift oder sonst einen kleinen Vogel, da bin ich ganz begeistert. Das finde ich toll. Das ist für mich der Beweis, dass die wilde Natur hier wieder ausbricht. Und das hätte ich gern.

Dabei brechen – berücksichtigt man die Größenverhältnisse – auch die umweltschonenden Spritzungen mit Kräuterbrühen aus Brennessel und Rainfarn, wie sie in den Anleitungen der Klosterfrauen von der Abtei Fulda gegen Obstbaumschädlinge empfohlen werden, in deren Leben wahrlich als Wetter und Unwetter ein, wie auch gelegentlich in das unsrige Wetter und Unwetter einbrechen, wenn auch vergleichsweise weniger ätzend: »Eine Schachtelhalmspritzung würde zu gleicher Zeit auch die Rote Spinne treffen, die vor Beginn der Blüte auf die Bäume wandert und gerade gegen Schachtelhalm – bei Sonne gespritzt – sehr empfindlich ist.« Und auf die naheliegende Frage, woher einer im zeitigen Frühjahr den Schachtelhalm bekommt, um ihn zu verspritzen, da er sich doch erst im Sommer entwickeln wird, kann es nur die eine Antwort geben, dass er den halt schon im letzten Sommer gesammelt haben muss, im Hinblick auf das, was unweigerlich bevorsteht, und sei's die Wanderung der Roten Spinne auf die Bäume im zeitigen Frühjahr. Biologischer Gartenbau, so zeigt sich, bedeutet Vorausschau und Perspektive anstelle der jeweils unmittelbaren Reaktion des Griffs zur chemischen Keule, mit der sich jederzeit alles niedermachen lässt.

Aus Norden kommt rasch eine dunkle Wolkenbank heran, die sich fetzig faserig an den Rändern zerfranst, und schiebt die letzten Ausläufer des eben noch wolkenlos klaren Himmels vor sich her – weg aus dem Bild. Die eigenartig klare Dunkelheit weicht einem finsteren Dunkel, das sich über mich wälzt wie eine schwere schwarze Decke, die mir übergeworfen wird.

Diese Decke ist wie der Sturm, der mich einhüllt.

Einmal, es war in der Nacht vor Silvester, und ich hatte gerade begonnen, in einem Buch über die Maya Mexikos zu lesen, das den Anspruch erhebt, die Geschichte der Maya Mexikos aus der Sicht der Maya Mexikos zu erzählen, obwohl sein Verfasser nicht ein Maya Mexikos, sondern ein ordentlicher deutscher Professor war, dem sich die Frage, warum ein Maya Mexikos so etwas nicht tut, es sei denn, er bediene sich dazu eines ordentlich deutschen Professors, anscheinend nicht gestellt hat, da raschelte etwas laut vor dem Fenster. Es klang wie harter nasser Schnee, der gegen die Scheibe geklatscht war. Doch draußen herrschten zehn Grad minus, und der Schnee war nadelspitz, weich und trocken. Sogar die Hunde blickten zum Fenster hinüber. Da war wirklich was. Ich stand vom Schreibtisch auf und zog den Vorhang beiseite. Vor dem mittleren Teil des Fensters hockte eine Misteldrossel, Füße und Flügel gegen die Scheibe gestemmt. Offenbar war sie von dem durchschimmernden Licht angelockt worden. Wie selbstverständlich öffnete ich das Fenster, um sie hereinzulassen, doch sie flog auf der Stelle fort ins Dunkel der Winternacht, um irgendwo zu verenden vor Hunger und Kälte.

Dieser eine Augenblick, er reichte für mich tiefer als nur in ein Erschrecken über diese Zurückweisung meiner harmlos gutgemeinten Geste. Es war, als risse er unversehens alles Grauen auf, das die Welt hütet, und die nackte, unverstellte Angst ob der Hinfälligkeit des Lebendigen blickte mich an, sei's nun ein kleiner Vogel oder ich selber. Rasch und ratlos schloss ich das Fenster wieder.

Und dann die Frage der Gewalt. Na schön, man ist dagegen. Ja, gewiss. Doch lässt sie sich nicht abschaffen, denn man braucht sie auch, ach nee. Gewalt ist nur natürlich. Das Walten der Natur ist nicht nur gewaltig, auch gewalttätig. Da gibt es kein Entkommen.

Wohin auch immer ich im Garten komme, und was ich da auch anstelle, ich störe. Gelinde gesagt. Irgendwen schrecke ich hoch. Irgendwen vertreibe ich oder bringe ich um. Ich brauche nur einen Stein hochzunehmen, schon kommt alles Mögliche Getier zum Vorschein, das eilends wegrennt. Reiße ich einen Grassoden aus, desgleichen. Tausendfüßler, schwarze Laufkäfer, Asseln. Regenwurm windet sich. Kröte sitzt wie ertappt, reglos. Versucht dann eilig zu entkommen. Eilig heißt für die Kröte Schritt für Schritt. Lasse ich den Stein erschrocken wieder fallen, weil ich ja eigentlich nicht stören wollte, wird außerhalb meines Gesichtsfeldes dies oder jenes dieser Tiere zerquetscht.

Vögel lassen ihre Brut im Stich, und was vier Beine hat, rennt weg, sobald ich vorbeikomme. Stecke ich den Spaten in den Boden, um ein Pflanzloch zu graben, hab ich auch schon einen Regenwurm halbiert (dessen sich windende Hälften mitnichten, wie oft zu hören ist, als zwei Würmer weiterleben, sondern, sich windend, beide sterben, jede für sich). Der Rasenmäher verwandelt kleine Frösche in Schleim, und zerkleinere ich mit der Hacke irgendeinen Erdklumpen, hab ich schon den Ameisen ihren Bau zerkloppt; ich sehe sie wimmeln und rennen, um die Brut irgendwo in Sicherheit zu bringen. Aber wohin? In meinem Garten bin *ich* der Tollpatsch.

Das gilt aber für jeden. Der Mensch ist auf Erden der Tollpatsch, und das ist noch das Freundlichste, was sich darüber sagen lässt.

Im letzten Winter habe ich die Brombeerhecke, die niemals Frucht getragen hat, sehr stark zurückgeschnitten. Die Folge war, dass die verbliebenen Reste im späten Frühjahr ausschlugen und blühten wie noch nie und, begünstigt vom Wetter, entsprechenden Fruchtansatz bildeten. Inzwischen hat das Wachstum der Ranken eingesetzt und große Teile des Fruchtansatzes unter sich begraben. Da ich als Lohn für meine winterliche Mühe des Schneidens eine reiche herbstliche Ernte wollte, blieb mir nichts übrig, als die neue Hecke von ihrem nachgewachsenen Rankenwerk zu befreien, ohne dabei mehr als unumgänglich von der Beerentracht zu beschädigen. Es lief darauf hinaus, die Hecke fast wie schon im letzten Winter zurückzuschneiden, damit die grünen Beeren wieder dem Tageslicht ausgesetzt waren. Und als ich einmal eine

Hauptranke mit vielen Nebenranken hervorgezerrt hatte, hatte ich plötzlich ein Vogelnest mit zwei weißbraunen Eiern darin freigelegt. Mit dem Finger fühlte ich, dass das Nest innen noch warm war und die Mutter erst kurz zuvor geflohen sein musste. Ob sie wiederkommen würde, wenn ich mich entfernte?

Möglicherweise. Da das Nest jetzt aber offen und ungeschützt lag, möglicherweise auch nicht. Am besten wäre es, ich würde es auf der Stelle sich selbst überlassen. Andererseits war ich mit meiner Arbeit noch nicht fertig, und nur um der Früchte willen war das Unheil überhaupt geschehen, und so schien es mir, ich sei es nun dem Vogel schuldig, dass ich sie wenigstens erntete und zu diesem Zweck die Arbeit zu Ende führte. So geschah es.

Später erzählte mir A., der Vogel sei wieder auf den Eiern. Nun entstand die Frage, was für ein Vogel es war. Ich konnte ohnehin kaum glauben, was A., die dazu neigt, das eintreten zu sehen, was sie sich sehr intensiv wünscht, mir erzählt hatte. Als ich selber nochmal nach dem Nest sah, fand ich es wie zuvor, mit zwei Eiern darin und zum Himmel hin offen. A. meinte, es sei ein Grauschnäpper. Wobei berücksichtigt werden muss, dass sie alle Vögel mit spitzem Schnabel, die sie nicht kennt, als Grauschnäpper bezeichnet. Später sah ich selber einen unscheinbaren graubraunen Vogel ohne Zeichnung vom Nest weghuschen, doch mir schien, dass er auf dem Kopf einen schwarzen Schild gehabt hätte. Nach der Färbung der Eier im Buch konnte es sich sehr wohl um den Grauschnäpper, aber auch um Garten- oder Mönchsgrasmücke gehandelt haben. Der schwarze Kopfschild spricht für die Mönchsgrasmücke. Allerdings weiß ich nicht, ob das Männchen ebenfalls brütet (der Kopfschild des Weibchens ist rostbraun). Ich glaube nicht, dass der Vogel eine Chance hat. Schon am Nachmittag fing die Katze an, um das Nest herumzulungern. Sie kann ich scheuchen, aber wer scheucht mich?

Auf der Erde ist jeder menschliche Zugriff ein Angriff (auf etwas, das bereits vorher bestand). Und im Garten speziell bedeutet jeder Handgriff nicht nur Eingriff, sondern zugleich auch Übergriff. Jede Pflegemaßnahme bewirkt Störung und Zerstörung – neben aller Pflege.

Wenn ich das total verunkrautete Stück der Himbeeren säubere, damit Licht und Luft herankommen und der Boden abtrockne, dann rennen auch hier nach allen Seiten Spinnen und Käfer weg. Der Igel sieht sich entdeckt, und die Braunelle wippt nicht mehr auf den Stützdrähten für die Himbeerranken.

Überall – wörtlich: Überall lebt irgendwer. In diesem Sinne ist praktisch der gesamte Planet Erde von einer wimmelnden Hülle aus Leben umgeben, und da ist es unausweichlich, dass einer, wohin er tritt, einen andern tottritt, jedenfalls als Mensch, zumindest tendenziell. Wer dabei nicht mittun will, wird es schwer haben in seinem Leben.

Alles Lebendige verdankt sein Leben dem Ausgelöschtwerden von anderem Lebendigen, und niemand, es sei denn der Mensch, findet etwas dabei. Es findet auch niemand, es sei denn der Mensch, etwas dabei, sein Leben an ein anderes zu verlieren. Man wehrt sich dagegen, in Ordnung, mit allen Mitteln, letztlich mit Gewalt. Nur der Mensch hat es verstanden, dem allgemeinen Töten und Getötet werden innerhalb gewisser Grenzen Einhalt zu tun, indem er Regeln aufstellt, die es verbieten, und indem er notfalls mit Gewalt, dafür sorgt, dass sie eingehalten werden.

Dieses Regelsystem, das die Anwendung von Gewalt und das Töten reglementiert, macht einen wesentlichen Bestandteil dessen aus, was er seine Kultur nennt, und es hat zur Voraussetzung, dass es außerhalb dieses Bereiches nicht gilt. Lind zwar aus praktischen Gründen. Würde der Mensch generell auf das Töten oder auch nur auf die Anwendung von Gewalt verzichten, dann würde die wilde Natur, die an diese Konvention nicht gebunden ist, aus den Löchern, in die man sie zurückgedrängt hat, hervorbrechen und ungehindert in die Kulturräume eindringen, um sie in die Wildnis zurückzuverwandeln, der sie einst abgerungen worden sind.

Wenn gelegentlich zugunsten der Zivilisation vorgebracht wird, immerhin erlaube sie dem Einzelnen eine Lebensweise ohne die unmittelbaren Notwendigkeiten des Tötens, um sich seiner Haut zu wehren, die beim Leben in der Wildnis sozusagen Bedingung sind, so ist das zwar richtig, doch sollte dabei immer berücksichtigt werden, dass diesem Zustand in aller Regel ein umso gründlicheres Töten vorausgegangen ist, welches, um ihm Platz zu schaffen, sämtliche potentiellen Widersacher des Zivilisationsmenschen beiseite geräumt hat, meist ein für alle Mal.

Zu Zeiten hoher Kulturentwicklung und zivilisatorischer Gesittung wird dies gern vergessen und gut verdrängt. In dialektischem Gegenzuge erscheinen Natur und Wildnis als vergleichsweise harmlose, fast gemütlich Idylle, in die ein- oder heimzukehren, sein Traum den Zivilisationsmüden umso dringlicher einlädt je risikoloser und langweiliger sein gesellschaftlicher Alltag sich ihm darstellen mag.

Doch dieser Traum bleibt ein Traum. Die gute alte Wildnis ist nicht mehr, hier auf Erden nicht, und sie ist auch nicht wiederherstellbar, es sei denn um den Preis des Zusammenbruchs sämtlicher kultureller Errungenschaften zwischen Fortschritt und Demokratie, zu dem sie sich dann selbst wiederherstellt. Gelegentlich aber ist dieser Zusammenbruch bereits gegeben, wenigstens andeutungsweise. Etwa auf der nächtlich geheimen Abseite jener steinernen Dschungel zwischen Fortschritt und Demokratie, die wir unsere Zivilisation nennen und derer wir so müde sind. Auch in ihr ist Natur. Und es herrscht die Gewalt …

Überhaupt: es ist alles möglich. Und es ist alles da. Nur nehmen muss man es sich. Manche tun das auch. Bei anderen trifft dies auf Widerstand. Gewalt entscheidet.

Seit Tagen kaltes Winterwetter bei geschlossener Schneedecke. Heute Mittag stand plötzlich der Sperber in der Weißdornhecke und wusste sich nicht zu helfen. Nur wenige Äste tiefer im Gestrüpp duckten sich Spatzen und Meisen und waren ganz still (im Unterschied zu sonst, wenn Sperber oder Habicht in der Gegend auftauchen und sie ein gellendes Warngeschrei anstimmen), rührten sich nicht vom Fleck.

Wo sie sich jetzt befanden, waren sie vor ihm sicher. Wären sie geflüchtet, hätte der Große vielleicht einen von ihnen gepackt. Die Angst war förmlich spürbar – in diesem dramatischen Augenblick, in dem sich bei aller Überlegenheit des Greifs seine momentane Ohnmacht zeigte. Allezeit die kleinen Vögel im Auge behaltend, war er dabei, sich mühsam aus dem dornigen Gestrüpp zu befreien. Stellte sich sogleich mit wenigen Schwüngen auf die benachbarte Linde. Dort blieb er noch einen kurzen Augenblick stehen und strich dann ab. Hier war für ihn vorerst nichts mehr auszurichten. Es dauerte aber noch eine geraume Zeit, bis sich die kleinen Sänger wieder hervorwagten. Als erste hüpfte eine Meise auf den obersten Ast der Linde und hielt Umschau. Dann machten sich bald auch die Spatzen am Boden wieder übers Futter her.

An dem Futterplatz unterm Küchenfenster, wo sich neben Buch- und Grünfinken, Kohl- und Blaumeisen jede Menge Spatzen, ein einziges Rotkehlchen und ab und an ein Zaunkönig einfinden, halten sich gewöhnlich mehrere Drosseln auf, hauptsächlich Amseln. Heute waren auch zwei Wacholderdrosseln da, die angeblich aus Richtung Sibirien kommen. Sie sind sehr zänkisch und versuchen jedermann sonst zu vertreiben, was viel Unruhe bringt, aber zu nichts führt. Während sie noch einen Spatz verfolgen, setzen sich schon wieder fünf andere hin, die rasch zur Seite treten, wenn jemand nach ihnen hackt.

Gestern gab es einen besonderen Gast. Ein Buntspecht hatte beträchtliche Mühe, sich an der wild sich um sich selbst drehenden Meisenkugel festzuhalten, auf die er gleichzeitig loshackte, so ihre Drehung noch beschleunigend. Hin und wieder schien er dazu anzusetzen, den Ast, an dem er samt der Kugel hing, mit dem Schnabel zu kappen. Wir haben in all den Jahren hier einen Specht nie auch nur gehört, geschweige gesehen. Der Vogel war sichtlich scheu so nah beim Haus; bei der kleinsten Bewegung hinter der Fensterscheibe flog er davon, kam aber immer wieder zurück.

Nachdem die Jäger unter den Elstern ziemlich gewütet haben – ich sah den ganzen Sommer über nicht eine einzige – entdeckte ich beim Kompostplatz gleich zwei, die in den Küchenabfällen herumscharrten. An der Wettern vorn am verschneiten, und daher nicht befahrbaren Westerweg stehen ständig drei, vier Reiher und scheinen darauf zu warten, dass endlich das Eis taue. Solange die Wettern zugefroren ist, müssen sie auf den Weiden Mäuse fangen, was für einen Fischreiher nicht so arg lustig ist. Sie stehen unten auf dem Eis, und ich sehe nur ihre Köpfe auf einem Stück dünnen Halses über den Rand der Böschung ragen.

In der Nachbarschaft treibt sich, von den Spatzen wütend gemeldet, anscheinend auch wieder der Sperber herum. Was wir uns hier als Garten herrichten, könnte ein kleines Sperber-Biotop werden, zumindest Teil eines solchen. Fast täglich kann ich ihn zwischen den kleinen Büschen und Bäumen durchhuschen sehen, wo er auf die Spatzen und Meisen pirscht, die sich seinetwegen nie weit von den Reisighaufen entfernen, in welche sie sich drücken können, wenn er auf sie Jagd macht. Oft genug scheint er dennoch Erfolg zu haben, denn er kommt immer wieder.

Seit einigen Tagen herrscht wunderschönstes Frühlingswetter mit wolkenlosem Himmel und voller Sonne, bei Temperaturen um zwanzig Grad, was hierzulande für Mitte April gar nicht ungewöhnlich ist. Man darf sich nur nicht darauf verlassen, dass es so bleibt. Ich bin von morgens bis abends im Garten beschäftigt, da ich zusätzlich zu meinen eigenen auch noch die nötigsten Arbeiten im Gemüsegarten übernehmen muss. A. muss sich ihres gebrochenen Beines wegen noch schonen. Sie steht am Rand und gibt Anweisungen. Mir macht es Freude, mit den Händen in der Erde zu wühlen, obschon die Bodenfeuchtigkeit mir noch in die Glieder zieht und ich abends auch recht erschöpft bin.

Nachdem nun die Schafe fort sind, haben wir angefangen, unser gesamtes Stück Land aus einer Wiese in einen Garten zu verwandeln, um diesen irgendwann einmal sich selbst überlassen zu können, in der Hoffnung, er werde dann schon verwildern.

Nun ist ein Teil unserer Absicht ja der, unsern eigenen Bedarf künftig weitgehend aus dem eigenen Stück Land zu decken, was sich mit einer Umstellung der Ernährung auf Rohkost auch machen ließe, wenigstens im Prinzip. Es bleiben natürlich die bösen Lüste und die durch sie bewirkten Anfechtungen, die das Prinzip durchkreuzen und einen nach schierem Steak verlangen lassen.

A. macht sowieso nicht mit, wenn es ums Prinzip geht (oder ums Kotelett), und vielleicht sollte ich lieber gleich hier zugeben, dass hinter den erwähnten Autarkiebestrebungen hauptsächlich meine eigenen Absichten stecken.

Und realistischerweise sollte ich dann bei der Gelegenheit gleich mit einräumen, dass nach gemachter Erfahrung sich die meisten der an den Garten knüpfenden Paradiesvorstellungen bloß unter besonders günstigen Umständen bewerkstelligen lassen. Allgemein gilt, dass in dieser Landschaft ein Leben unter freiem Himmel nur bei schönem Wetter möglich ist. Und nur über Tag. Nachts braucht der Mensch überm Kopf ein Dach. Und zwar ein festes Dach, nicht bloß ein Tipi. Es ist in letzter Zeit unter Indianer-Freaks viel von der Wetterfestigkeit und Bequemlichkeit des Tipis die Rede gewesen, auch als Behausung für den Winter. Ich kannte einen jungen Mann aus der Pfalz, der behauptete, in einem solchen Domizil einen angenehmen Winter verbracht zu haben.

In der Regel sind die Befürworter einer derartig spartanischen Lebensweise beträchtlich jünger als ich, und da es heißt, man solle den Enthusiasmus junger Leute nicht immer gleich vorzeitig entmutigen, halte ich mich mit Einwänden zurück. Es mag ja sein, dass solch ein Tipi unter fast allen Umständen wetterfest ist; doch ich bin kein Indianer, und auf meine Wiese hinterm Haus ein Tipi zu pflanzen, um darin zu leben, erschiene mir angesichts des Hauses als einigermaßen absurd, zumal ich mich erinnere, dass selbst ein so exemplarischer Indianer wie Sitting Bull zur Zeit seiner Ermordung sesshaft geworden war und keineswegs ein Tipi bewohnte, sondern ein festes Blockhaus.

Überhaupt, scheint mir, fehlt es hierzulande ganz entschieden an den entsprechenden nomadischen Möglichkeiten und vor allem auch an der zugehörigen Wildnis als Ambiente. Wollte ich versuchen, im Moor ein Tipi aufzustellen, bekäme ich es spätestens am nächsten Abend mit dem Jagdpächter zu tun, da er von mir Unrat für seine Rehe und Hasen witterte, die er selber essen oder, wenn nicht, wenigstens an den Feinkosthändler in Cuxhaven verkaufen will.

Nach Lage der Dinge scheint es mir vernünftiger, meinen Bedarf an »wildem« Leben innerhalb der Grenzen meines Grundstücks zu decken und zu diesem Zweck möglichst viel von den draußen noch frei umherschweifenden Resten der Wildnis hierher zu locken, indem ich ihnen Asyl biete. So hat sich heute gegen Abend zum ersten Mal, dass ich es gesehen habe, vorn auf der Jule, wo sich den ganzen Winter über kein Bussard hat blicken lassen, ein Habicht hingestellt. Es war unverkennbar ein Habicht. Nicht bloß der lange Stoß, der dafür sprach, sondern die ganze Statur. Der Umriss war insgesamt viel länglicher als der kurze, gedrungene, eiförmige Kontur des Bussards.

Dass dieser Habicht nicht bleiben würde, war mir allerdings klar. Als ausgesprochener Waldjäger findet er in dieser ausgeräumten Landschaft weder die notwendige Deckung noch die Beute, nach der es ihn verlangt. Mit Mäusen ist er auf die Dauer nicht zufrieden, Kaninchen gibt es hier nicht, und vergriffe er sich an den paar Hasen, die vom letzten Treiben übrig geblieben sind, hätte er bald – mit der ausdrücklichen Genehmigung des Kreisjägermeisters – die gesamte Jägerschaft der Region auf dem Hals, die ihn als Beutekonkurrent hasst.

Armer Habicht! Und arme Hündin!

Meine Hündin trottet hinter mir her, wenn ich auf dem Hof herumgehe. Sie folgt mir, wie ich es mir wünsche, aber irgendwie schicksalsergeben, als hätte sie eigentlich keine Lust dazu. Beim Jäten fand ich heute eine kleine grüne Eidechse. Das ist etwas Neues. Irgendwo im Gestrüpp treibt sich auch ein Igel herum. Ich bin ihm nachts ein paar Mal begegnet. Als wir im Mittagslicht über die Wiese zum Gemüsegarten gingen, erhob sich bei jedem unserer Schritte ein dichter Schwarm winziger Tierchen aus dem Gras, allzu klein, als dass ich hätte erkennen können, ob sie flogen oder sprangen. An diesem Nachmittag waren sie es, die das Gras bevölkerten, und zwar in einer Anzahl, wie sonst nur die Gräser selber das Land.

Von der Straßenmeisterei sind uns zwei junge, aber schon relativ große Kastanien geschenkt worden, und zwar als Entschädigung für die alte Kastanie neben der Einfahrt, die dem Ausbau der Straße weichen musste – trotz meines heftigen Einspruchs, den ich aber zuletzt nicht mehr durchzuhalten wusste. Heute sehe ich, dass ich regelrecht ausgetrickst worden bin; denn es hat sich gezeigt, dass es auch noch andere Lösungsmöglichkeiten gab als die, die mir schließlich vorgeschlagen worden war.

Plötzlich hatte es nämlich geheißen, der Baum könne stehen bleiben; die Trasse werde um zwei Meter nach Südosten verlegt. Bei dieser Lösung wäre dann die Straße meinem nächsten Nachbarn unmittelbar unterm Wohnzimmerfenster durchgelaufen, und das mochte ich auch nicht verantworten. So gab ich schweren Herzens und letztlich nicht ganz überzeugt (Wozu eigentlich brauchten wir – außer zum Schnellfahren – überhaupt eine neue Straße? Doch mit dieser Frage stand ich auf verlorenem Posten; außer mir war das ganze Dorf sich einig, dass die Erneuerung und Verbreiterung der Straße notwendig war.) mein Einverständnis: ›Meinetwegen, nehmt sie weg‹.

Eine fast hundertjährige Rosskastanie, das ist eine Menge Holz, und doch ist es seither in meinen Kachelofen gewandert und spurlos durch den Schornstein verschwunden. Nur ein Gedicht, das ich seinerzeit über den Vorgang schrieb, erinnert noch an sie. Und, vielleicht, die beiden jungen Kastanien, die mir dann im nächsten Winter unversehens von den Straßenmeistern gebracht worden sind. Darauf war ich nicht gefasst gewesen, und auf die raue Frage, wohin sie gestellt werden sollten, hatte ich verwirrt und hastig, ohne überlegen zu können, auf irgendeine Stelle neben der Einfahrt gewiesen. Da waren sie dann sachkundig mit Stützpfahl eingegraben worden, und ich hatte plötzlich zwei ziemlich große Kastanien, die sich um ein Vielfaches vergrößern würden, an einem Platz stehen, wo ich sie überhaupt nicht gebrauchen konnte, nämlich im Bereich der Obstbäume.

Den ganzen Winter machte ich mir darüber Gedanken, wo sie wohl am besten aufgehoben wären. Die eine sollte mitten auf die

Wiese, das war weiter kein Problem. Doch für die andere fiel mir nur der Platz ein, wo zuvor schon eine ganze Reihe anderer Bäumchen gestanden hatte, die aber sämtlich eingegangen waren. Zuerst hatte ich eine Gruppe von geklauten Kiefern hierher gestellt, die gar nicht erst angingen. Danach hatte ich es mit einer bestimmten Birke versucht, die den Namen Margit trug. Sie tanzte dort sehr wunderschön, ungefähr von Mai bis Juni, dann brach sie ab, als einmal der Wind etwas zunahm. Als nächstes setzte ich ein Apfelbäumchen an diesen Platz, dem noch am selben Tag der junge Schafbock Harald ringsherum die gesamte Rinde abschälte.

Nun könnte es so aussehen, als sei ich nicht recht gescheit gewesen und hätte auch nicht vorgehabt, es zu werden, dass ich nach all dem die zweite Kastanie ausgerechnet an diesen Platz, der doch augenscheinlich kein guter war, stellen wollte. Doch könnte es ja sein, dachte ich, dass dies nicht einfach ein schlechter Platz, sondern ein Platz für die Kastanie ist; notfalls würde ich sie halt noch einmal umpflanzen müssen. Die Arbeit erwies sich als sehr schwer, für mich allein eigentlich als zu schwer. Obwohl ich den Baum nicht optimal in die Erde bekam, hat er sich seither prächtig entwickelt. Sein Gedeihen bezeugt die Richtigkeit meiner an sich unbegründeten Vermutung über den Platz, und in den zehn Jahren, die er nun hier steht, hat er sich zu einem sehr ansehnlichen Gewächs entwickelt. Inzwischen zeigt er auch schon die für Rosskastanien typische Drehung in seinem Stammwachstum.

Es hat nämlich den Anschein, als wüchse solch ein Baum nicht einfach geradeaus nach oben, sondern in einer sehr langsamen Rechtsdrehung, als würde er ganz allmählich aus dem Boden in die Luft geschraubt. Eine ähnliche Beobachtung habe ich an einer kleinen Agave gemacht, die ich in einem Topf auf der Fensterbank ziehe. Auch sie scheint in einer langsamen spiraligen Drehbewegung aus der Erde hervorzukommen, wobei das jeweils neueste

Blatt sich von der aufwärtsstrebenden Spitze löst und sich, um einiges seitlich versetzt, so über das nächstältere legt, dass dieses niemals bedeckt wird und das Blattwachstum der Pflanze sich ebenfalls in einer Rechtsdrehung in Form einer stark gestauchten Wendeltreppe aufbaut.

Von all dem sagt Ernst Fuhrmann in seinem »Agave« betitelten Buch nichts. Es könnte sein, dass er es gar nicht bemerkt hat, weil er ein anderes Tempo drauf hatte und nur allzu eilig hinsehen konnte, um etwas zu erblicken. Im Übrigen ist es nicht seine Art, die Phänomene grundsätzlich zu befragen. Er stellt Fragen nur da, wo er auch Antworten weiß, und kommt auf diesem Wege zu einem einheitlichen Weltbild. Nach seiner Ansicht ist die Erde, der gesamte Planet, von einem einzigen Wesen belebt, das sich in milliardenfachen Formen zeigt, die alle miteinander verwandt sind: Pflanze, Tier, Mensch sind Ausdrucksweisen dieses Wesens, dessen eigentlicher Leib das Pflanzenreich ist. Tier- und Menschheit, auch bestimmte Pflanzentypen sind Weiterentwicklungen dieses Urwesens und tragen also auch in ihrer gegenwärtigen Ausformung etwas von pflanzlicher Struktur in sich mit.

Inzwischen hat der Knöterich angefangen, von der benachbarten Pergola aus auf die Kastanie überzugreifen und sie zu erobern. Ich hatte A. die Pergola zum Geburtstag geschenkt, und sie hatte sie mit Knöterich, Jelängerjelieber und Japanischer Apfelrose bepflanzt. Von mir war irgendwann ein Bittersüß dazwischen geschmuggelt worden, ebenfalls ein Schlinger, den ich von Dürers *Melencolia* kannte, wo er den Kranz um den Kopf des Engels zu bilden scheint. Ich hatte ihn vom Kanalufer mitgebracht, wo mir seine winzigen blauvioletten Blütensterne mit leuchtend gelbem Zentrum im Gras aufgefallen waren. Obwohl selber eine Wildpflanze erwies er sich jedoch auf die Dauer der Wüchsigkeit von Knöterich und Jelängerjelieber als unterlegen und verschwand wieder. Im Übrigen zeigte sich später, dass weder Jelängerjelieber noch die Apfelrose dem Knöterich standhalten konnten, so dass ich, wenn ich sie behalten wollte, mich irgendwann entscheiden musste, ob ich gegen den Knöterich vorgehen oder lieber auf einen kalten Winter hoffen sollte, der ihm den Garaus machen oder doch zumindest dafür sorgen würde, dass seine meterlangen, allesdurchdringenden Ranken erfrören. Allerdings war solch ein Winter nun schon zwei Jahre hintereinander ausgeblieben. Wer weiß, man hört so viel von Treibhauseffekt und Klimakatastrophe. Vielleicht gehört es zu deren natürlichen Folgen, dass der Knöterich die Krone der Kastanie durchwuchert und sie eventuell umbringt, womit sich die schlechte Aura des Platzes am Ende doch noch bewährt hätte. Doch wäre, wenn es so käme, immerhin der wilden Natur ihr Recht gelassen, während, wenn ich mit der Schere zugunsten der Kastanie eingriffe, sich einmal mehr die zivilisatorische Willkür durchsetzen würde.

Doch wie man's nimmt. Wenn ich die toten Holunder fälle, gewinne ich Raum für einen Kompostplatz, besonnt und schattig zugleich. Ich kann vielleicht von den Mutterpflanzen noch ein paar Seitentriebe abnehmen, und diese zu einer neuen Hecke pflanzen, die später den ganzen Ort einhüllen wird, ähnlich dick, wie das alte Gebüsch einmal war. Das Fällen der toten Stämme ist relativ leicht. Ich fürchte mich allerdings vor dem Roden der Stümpfe und Wurzelballen aus dem klebrig-rutschigen Kleiboden, der dazu neigt, an allem hängenzubleiben, mit was er in Berührung kommt: an den Händen, am Spaten, an den Sohlen und Kleidern. Auch an den Wurzeln bleibt er kleben und an sich selber. Und alles überzieht er mit einer hellen blaugrauen Schmierschicht, die beim Trocknen bröckelig würde, würde sie trocknen. Aber das tut sie nicht, außer auf der Haut. Man kann aus dem Kleiboden knickergroße Kugeln formen. Diese, an die nächste Steinwand geworfen, bleiben daran hängen. Das Trocknen dauert dann so lange, dass der Stein und der Klei sich längst innerlich verbunden haben, wenn es soweit ist. Sie sind dann eins geworden und lassen sich nur durch Anwendung von Gewalt wieder auseinander bringen.

Überhaupt, Gewalt in der Natur. – Es gibt ein natürliches Gesetz, das es jedem existierenden Geschöpf oder Gegenstand verbietet, körperlich an zwei verschiedenen Orten zu gleicher Zeit zu existieren. Es oder er ist, jedenfalls im Wirkungsbereich unseres Wahrnehmungsapparates, zu einer Zeit immer nur an einem Ort zu orten. Seit der Quantentheorie stimmt das jedoch nur noch als Grenzfall in einer Folge von Ortungen, in der sich entweder die Zeit oder der Ort bestimmen lässt, aber nicht beide zugleich, es sei denn im Grenzfall, weil beide so etwas wie verschiedene Aggregatzustände ein und desselben sind und was sie nun gerade sind, von der Messapparatur des Beobachters (Wahrnehmers) abhängt. Misst er Korpuskeln, sind es Korpuskeln, was er misst. Sind es Wellen, sind es Wellen. Misst er nicht, sind sie nicht.

Oder etwa doch? Aber was dann und wie? Manche blütenbefliegenden Insekten wenden den Erfahrungssatz, dass ein Ding zu einer Zeit sich nur an einem einzigen Ort befinden könne, zu einem praktisch gewaltlosen, friedlichen Nebeneinander an.

Fliegt nämlich ein größeres und stärkeres Insekt wie beispielsweise eine Biene eine Blüte an, die schon von einem schwächeren besetzt ist, so weicht dieses unverzüglich auf eine andere aus.

Es gibt keinen Streit. Ein Recht des ersten am Platze, das lediglich den Interessen des Individuums dient, gibt es in diesem Zusammenhang anscheinend nicht. Es hätte offenbar auch gar keine Funktion, weder für die Bestäubung der Blüte noch für die Arterhaltung des kleineren Insekts, und für die am wenigsten. Während die benachbarte Blüte, auf die es so unverzüglich ausweicht, ebenfalls bestäubt werden muss.

Wüstes graues Wetter kommt eilig aus Nordwest. Das permanente Gezurre des Zaunkönigs rings in den Büschen ist eine Art umgekehrten Alarms für viele kleinere Lebewesen in der Gegend. Verstummt es plötzlich, ist was los. Meist, dass zwischen den Büschen und Koniferen der Sperber sich hat blicken lassen. Er hat hier ein Revier gefunden, und ich hoffe, dass er, wenn die Birken noch etwas dichter geworden sein werden, in einigen Jahren, irgendwo in der Nähe horsten wird.

Manchmal kommt die Finsternis auch als Licht. So wie jetzt, wo die graue Dämmerung als heller Nebel zu leuchten beginnt, während das Licht selber immer weniger wird.

Die nordwestlichen Schauerböen, die den gesamten Raum mit prasselnder Nässe auszufüllen scheinen, am Himmel sind sie als panoramatisches Spielen zwischen Hell und Dunkel, Grauem und Leuchtendem zu sehen. Das Wetter, wie immer es ist, ist eine Hervorbringung der Erde aus Wasser, Luft und Bewuchs im Verein mit Sonnenlicht und -wärme. Es erzeugt eine gasförmige Sphäre, die die gesamte Oberfläche des Planeten einhüllt, indem es die vier Elemente der Alten in Bewegung versetzt, so dass sie an den Stellen, wo sie einander berühren, allmählich sich zu vermischen beginnen. Das Leben auf der Erde ist eine dieser Mischungen.

Am Himmel ist wieder Ruhe, so scheint es. Graue Wolken, von unten her, hinterm Horizont hoch von der untergegangenen Sonne rötlich angestrahlt, treiben langsam in blass bläulichem Meer.

Nicht lange jedoch, und es geht wieder los. Überm nordwestlichen Teil des Horizonts ballt sich etwas leuchtend Schwarzes zusammen. Leuchtende Schwärze, oh ja, Jörg Schröder, die Plaudertasche der Kultur, ausgerechnet er, ist ein Aufklärer, der hinter die Dinge schaut und Klarheit schafft, und er ist es in dem klassischen Verstande, in dem jemand, ich glaube, es war Heidegger, angeregt von dem Wort Spülicht den Begriff »Aufkläricht« geprägt hat.

Ich meine das nicht gehässig, meine vielmehr die besondere Klarheit, die in dem Wort steckt, und mit ihr den Kehricht, der ebenfalls darin steckt, nämlich die Ansicht, es sei die Aufgabe des Menschen auf der Erde, alle Dinge und Zusammenhänge zu durchschauen, um sie sich anzueignen und zunutze zu machen, und das in voller Klarheit. Aufkläricht ist die Kehrseite des durch Aufklärung Gewonnenen.

Heute stand in der Zeitung, die Erde gehöre ja nicht alleine uns, sondern auch den künftigen Generationen.

Aber da wird nix von.

Denn die Erde gehört uns mitnichten. Vielmehr sind wir es, die der Erde gehören. Wir werden, wenn alles mit rechten Dingen zugeht, in Humus verwandelt. Auch die künftigen Generationen. Weiter nichts.

Das könnte jeder einsehen. Jeder Depp und jeder Schlauberger. Doch nichts wird besser verdrängt als diese eine klare Tatsache. Und das nicht etwa bloß von den Deppen.

Auch der Sturm ist wieder wer. Der nordwestliche Himmel ist tiefschwarz. Eine riesige Wand, die rasch näherkommt. Schon steht sie senkrecht über mir. Bald ist das letzte Licht beiseitegeschoben, und während dies noch geschieht, fällt schon die Nacht herein. Als tosendes, prasselndes Dunkel kommt sie auf mich herab. Der Raum um mich her ist voll mit Wogen von fallendem und wirbelndem Wasser. Den Kräften, die in diesem elementaren Treiben losgehen, ist die zivilisierte Menschheit in keiner Weise gewachsen, es sei denn mit Maschinen. Sie würde, allein gelassen draußen auf den Weiden, im Schlamm steckenbleiben und bis zum nächsten Morgen in ihren modischen Stöckeln hoffentlich ertrunken sein.

Dieser Sommer ist verregnet. Kälte und Nässe in der Luft, selbst im Haus. Dennoch wächst es. Wind wühlt im Grünen. Wogt mit ihm. Bäume, Büsche, Blätter, Blüten. Ich weiß nicht, ob diese Reihenfolge die Struktur, in der die Sachen und die Wörter einander entsprechen, richtig wiedergibt: Genauigkeit, wie Olson sie vom Schreiber verlangt. Die Weide zu Norden des Hauses, die eigentlich eine Kopfweide werden sollte, ist dabei abzubrechen. Wenn der Wind sie zu fassen bekommt, legt sie sich mit Stamm und Krone fast waagerecht über den Boden. Und sie richtet sich auch nicht wieder auf, nachdem der Wind fort und vorbei ist. Bleibt stehen, gebeugt, wie er sie zurückließ.

Das ist das Werk des Weidenbohrers. Ich habe ihn unwissentlich und unwillentlich durch meine massenhafte Ansiedlung von Salweiden nach hier geholt. Am südöstlichen Ufer des Berster Sees, das damals noch eine typische Bruchlandschaft war, hatte ich mehrere dicke Bündel von Weidenruten geschnitten und diese dicht bei dicht entlang den Grabenrändern, die unser Grundstück begrenzen, in den Boden gesteckt. Ich hatte so etwas wie eine grüne Wand im Sinn gehabt, die ich um unsern Platz errichten wollte, und noch aus meiner Kindheit auf dem Lande erinnerte ich mich, dass man Weidenzweige bloß in den Boden zu stecken braucht, damit sie Wurzeln schlagen und zu wachsen beginnen. Meine Stecklinge schienen sich zuerst auch gut und vielseitig zu entwickeln, bis im nächsten Jahr die ersten dünnen Stämmchen abbrachen. An den Bruchstellen war das Holz spröde und zerfasert, und ein dunkelbrauner Gang führte ins Innere.

Dies war der Beweis, dass ich zusammen mit den Weidenstecklingen den Weidenbohrer hierhergebracht hatte, der in ihnen wohnt und sie kurz hält, indem er ihr Mark frisst. Das ist auch gar nicht anders möglich, da das eine nie ohne das andere auftritt. Salweiden sind nicht in erster Linie als Futter oder sonst wie als

Rohstoff für die Menschen da, die Körbe aus ihnen machen oder sie, lebendig, als Sichtschutz für den Sommer anpflanzen, sondern als Lebensraum des Weidenbohrers. Will ich an diesem Platz Weiden haben, werde ich das Wirken des Bohrers berücksichtigen müssen, was ich damals noch nicht wusste. Ich hatte bloß die Ruten gesehen, ihr sachtes Schwanken in den Büschen, denen ich sie entnahm. Aber den Bohrer, der allenthalben in den Zweigen steckte, hatte ich nicht wahrgenommen.

Ich kenne den Weidenbohrer bloß als widriges, widerliches Wesen. Eine kleinfingerdicke und -lange pinkfarbene Raupe mit tiefblauem Höckermuster auf dem Rücken, die sich in den saftführenden Bahnen der Salweide entwickelt und sich von ihrem Mark ernährt. Irgendwann, wenn dieses vor ihrer Gefräßigkeit zurückzuweichen beginnt, setzt sie sich in Bewegung, um es zu verfolgen, auf welche Weise sie einen großen Baum von innen töten und hohl und kahl fressen kann, bis er schließlich umbricht, um nun in den Boden hinein zu verrotten.

Salweiden sind Bäume mit der Tendenz, rasch wieder Erde zu werden. So schnell sie wachsen und sich entwickeln, so weich ist ihr Holz und auch so spröde, sobald es sein Wasser verliert. Der Weidenbohrer, der das alles bewirkt hat, ist dann längst fort. Sobald der Baum in seinen Adern keinen Saft mehr führt, ist er tot, und der Bohrer verlässt das rasch austrocknende Innere der Holzruine. Er begibt sich zum ersten Mal in seinem Leben in die Außenwelt, wo er sich dann in höchster Eile durchs kurze Gras auf dem Hof zu entfernen sucht, um sich irgendwo zu verpuppen und später als unscheinbarer Nachtfalter in einer jungen Weide seine Eier abzulegen.

Wie es scheint, steht die starke Wüchsigkeit der Weiden zum Hunger des Weidenbohrers und seinem Vermehrungsdruck in ausgewogenem Verhältnis. Jedenfalls, seitdem der Weidenbohrer den ersten Überhang an Weiden auf diesem Grundstück abgesäbelt hat, hält sich sein Wirken in Grenzen, so dass Aufwuchs und Abgang sich ungefähr die Waage halten. Dennoch bleibt diese Raupe, zumal, wenn sie übern Hof flüchtet, ein widerliches Wesen, das meinen Verfolgungsreflex weckt und das ich ohne Hemmung töte. Ich kann das nicht rechtfertigen. Es heißt emotional gehandelt, triebhaft, getrieben. Oft sind es gerade die größten und prächtigsten Exemplare des Weidenbohrers, die sich übern Hof davonzumachen versuchen.

Kein Vogel mag sie fressen. Sie sind allen widerlich. Wie zum Beweis haben sie sich im Rahmen der allgemeinen Anpassung einen säuerlichen Gestank zugelegt, den alles, was Nasen hat, meidet; je näher eine Nase ihm kommt, umso widerlicher wehrt er sie ab. Die Sache scheint zu funktionieren, denn gewöhnlich werden Weidenbohrer auch für Raupen ungewöhnlich fett. Entsprechend dicht ist ihre Ausdünstung, die selbst menschlichen Nasen unwiderstehlich in dieselben sticht. Man kann sie nur zertreten. Zwar spritzt dann der milchig weiße Schleim unter den Sohlen hervor, doch ist dies noch immer die schonendste Methode, sie rasch zu töten. Man kann sie nur zerquetschen, wenn man sie nicht frisst. Und wer tut das schon?

Wäre die Bedingung, unter der ich den Weidenbohrer töten könnte, die, ihn nachher zu essen, ich ließe sie alle leben. Daraus ergibt sich, dass zwischen ihm und mir bei mir etwas nicht stimmt. Ein Lebewesen aus weiter nichts als aus Ekel zu töten, scheint mir um nichts weniger nichtswürdig, als es aus reinem Vergnügen umzubringen. Andererseits erscheint mir auch ein solch grundloses und eigentlich affektives Töten immer noch angemessener als das Töten »aus einem vernünftigen Grund«, das vom Tierschutzgesetz erlaubt wird, wobei selbstverständlich und unangefochten der Mensch die Vernünftigkeit des Grundes vorgibt.

Wie vernünftig ist es aber, dass ich auf meinem Grundstück Weiden ansiedeln will, Weiden in Mengen, wenn möglich Salweiden und wenn möglich, ohne Weidenbohrer? Nicht sehr. Wenn ich ihm also zu Leibe will, und sei es aus Hass oder Ekel, dann muss ich es selber tun. Wer es nicht über sich bringt, den Weidenbohrer zu zertreten, der muss sich von ihm, jedenfalls was Weiden angeht, kahlfressen lassen. Die dem Kleingärtner empfohlene Methode, in die Bohrlöcher, die in der Rinde gut sichtbar sind, einen festen Draht einzuführen und den Weidenbohrer der Länge nach langsam zu speeren, hat bei mir niemals funktioniert. Entweder ist es ihm gelungen, sich rechtzeitig dünne zu machen, oder mein Draht hat ihn durch die Windungen seiner Gänge gar nicht erst erreicht.

Seitdem Gott der Herr Feindschaft gesetzt hat zwischen der Schlange und dem Weibe, geht es generell in der Gärtnerei eisenhart zu. Nicht bloß Dornen und Disteln, sondern schlechthin alles, was dem Gärtner zur Unzeit in die Quere kommt, sei's Wühlmaus, Schnecke, Raupe oder Blattlaus, wird, sofern es sich machen lässt, gnadenlos niedergemacht. Darin gleicht der Gärtner seinem älteren Bruder, dem Jäger, der es ebenfalls nicht ertragen kann, dass irgendwer anders unter dem »wildert«, wie er es nennt, was nach seiner Ansicht nur ihm zusteht, dem Jäger und Revierinhaber, sei es nun ein Mensch, was ja noch anginge, Fuchs oder Katz, Hund oder Habicht oder gar ein verirrter, halbverhungerter Wolf. Und man muss einmal die hübsche Gärtnerin und Nachbarsfrau gesehen haben, wie sie mit erhobenem Spaten wachsam und gespannt auf ihrem Wieschen lauert, dass der Maulwurf einen Hügel hochstoße, damit sie ihr Gerät in gesammelter Wut bedächtig mitten in diesen hineinsenke, um, wenn möglich, das harmlose Tierchen zu halbieren. Und dann der Triumph auf ihrem Gesicht, wenn es ihr gelungen ist!

Apropos halbieren. Ich entsinne mich einer kleinen Korrespondenz aus den ›Winken‹ der Fuldaer Abtei, bei der es um die gärtnerische Plage der Plagen ging, die Schnecken: »Schon seit Jahren empfehlen Sie gegen Schnecken das Aufstellen von Gefäßen mit Bier. Das haben meine Nachbarin und ich immer wieder mit dem im Nachbarhause vorrätigen Bier versucht und immer wieder ohne Erfolg. Nun hat mir ein Gast gesagt, zum Schneckenfangen müsse man ein ziemlich alkoholfreies Bier, das auch Malz enthalte, nehmen. Das sogenannte Bockbier, das beide Eigenschaften besitzt, gebe es aber letztmals im März (Sie sehen, ich habe keine Ahnung von Bier!) Nun könne man sich aber so helfen, dass man in einer Kanne mische: 2/3 alkoholfreies Bier, 1/3 Malzbier, und diese Mischung dann in die aufgestellten Schüsselchen gießen. Das habe ich mit Erfolg versucht. Aber in diesem Jahr ist die Schneckenplage so groß, dass ich jeden Abend nach 10 Uhr mit Schere und Taschenlampe im Garten die roten Schnecken kaputtmache, die ich entdecken kann. Mit dem Aufkommen des Taues sind sie ja da. Aber es bleiben genug rote und hauptsächlich auch die kleinen schwarzen, die dann in die Schüsselchen gehen.« – Zur Schere meint die Redaktion, die sonst jeden Tipp dankbar und kommentarlos wiedergibt, eine Anmerkung machen zu müssen: »Wohl schneller und beiderseits angenehmer: mit scharfem Spaten zwei- bis dreiteilen, in bereitstehende Eimer schaufeln und auf den Kompost bringen«.

Mich erinnert diese Diskussion über die Sachgemäßheit von Schere oder Spaten zum Halbieren von Schnecken unwillkürlich an die Fachsimpeleien unter Folterknechten der Inquisition, welche Maßnahmen und Geräte am geeignetsten seien, um dem Delinquenten ein Geständnis zu entreißen.

Wir jedenfalls haben eine Schnecke beim Haus, die nicht bloß geduldet, sondern ausgesprochen gefüttert wird. Sie kommt regelmäßig jeden zweiten Tag, eine große schwarze Nacktschnecke, auf den Tritt vor der Küchentür gekrochen, wo eine gespaltene Möhre liegt, die eigentlich fürs Pony bestimmt war, in die sich aber nun allmählich der Fänge nach die Schnecke hineinfrisst. Sie höhlt sie regelrecht aus, wobei sie die luftgetrocknete Außenhaut sorgfältig stehen lässt. Wir achten darauf, dass ihr niemand etwas tut, keiner auf sie tritt, weder Hund noch Nachbar. Auch die Möhre bleibt liegen.

Es versteht sich von selbst, dass diese Schnecke auch für uns ein Sonderfall ist. Die üblichen, die im Frühjahr in breiter Front aus den Gräben gekrochen kommen, um sich auf die jungen Salat- oder Kohlrabi-Pflanzen zu stürzen, werden gelegentlich abgesammelt und sämtlich auf die benachbarte Wiese hinübergeworfen, wo sie gefälligst Gras fressen mögen, wenn sie Hunger haben. Ich habe für meinen Hunger zu sorgen. Und damit für meine Ernte. Und wenn von meinen Pflanzen etwas übrig bleiben soll, muss ich sie schützen vor allerlei Getier, das sie ebenfalls fressen will, und zwar bevor sie ausgewachsen sind, wenn es ihrer nicht mehr Herr würde. Darum muss ich seiner Herr zu werden suchen, wenn für mich etwas übrig bleiben soll, um meinen Hunger zu stillen. Auch wenn der ökologische Garten seine Grenzen enger zieht, irgendwo muss er welche setzen, da er sonst verschwände. So ist das Töten im Garten ein Ziehen von Grenzen: bis hierher und nicht weiter. Zum Beispiel gegen Kohlweißlingslarven, wenn ich Kohl haben will, oder gegen die Larven der Stachelbeerblattwespe, wenn Stachelbeeren.

Gegen die Stachelbeerblattwespe gehe ich mit allen Mitteln vor. Sie versuche ich auszurotten, sobald ich im Frühjahr an den Stachelbeeren mitten im grünen Bewuchs die ersten kahlen Stengel sehe. Fast ist es dann schon zu spät. Dann komme ich nicht mehr darum herum einzugreifen.

Wie heute, als ich wieder einmal Raupenbefall an den Stachelbeeren feststellte. Gegen die Larven der Stachelbeerblattwespe, die, wenn ich nichts unternehme, die Büsche bis zum letzten Blatt kahlfressen, helfen nach meiner Erfahrung die biologischen Methoden nichts. Ich habe die Büsche mit Algomin bestreut und die Raupen auf weiße Tücher herabgeschüttelt und eingesammelt. Es blieben immer noch genügend übrig, die sich umgehend wieder nach oben aufmachten, um die Büsche kahl zu fressen. Auch mehrere Spritzungen mit dem Bazillus thuringiensis, mit dem sie sich infizieren sollten, haben den Kahlfraß nicht verhindert. Gärende Brennesseljauche, Rainfarn, alles zieht den Kahlfraß bloß hinaus. Das einzige, was ihn stoppt und die Tiere vernichtet, ist die Giftspritze. Es ist, dies als Zugeständnis ans biologische Gewissen, ein biologisches Gift, das ich verwende, wenn auch tödlich für Raupen und alles andere Kleingetier, das damit in Berührung kommt. Und beim Versprühen ist es unausweichlich, dass auch andere Insekten, auf die es gar nicht abgesehen ist, zu Schaden kommen. Ich wende es daher nur im dringendsten Notfalle an. Der ist hier aber gegeben.

Zum Pyrethrum, der Notbremse des biologisch-ökologischen Gartenbaus, weiß ich eine aufschlussreiche Geschichte. Dian Fossey, die Gorillaforscherin, berichtet in ihrem Buch *Gorillas im Nebel* auf Seite 45 der Originalausgabe: »Ruanda ist eines der am dichtesten bevölkerten Länder der Welt. Mit nur rund 26 000 Quadratkilometern ist es halb so groß wie Kenia und kleiner als der US-Bundesstaat Maryland. Es hat aber mehr als 4 700 000 Einwohner, deren Zahl sich bis zum Ende des Jahrhunderts verdoppeln könnte. Ruanda, ›die afrikanische Schweiz‹, ist gleichzeitig eines der fünf ärmsten Länder der Welt … 1969 wies man fast 9 000 Hektar vom Gebiet des (Gorillaschutzgebiets) Parc National des Volcans zum Anbau von Pyrethrum aus, dessen gänseblümchenartige Blüten zu einem natürlichen Insektizid verarbeitet und gegen Devisen nach Europa verkauft werden. Für den Park verbleiben nur 12 000 Hektar …« Auf diesem Wege trägt der ökologisch-biologische Gartenbau in Europa zum Aussterben der letzten freilebenden Berggorillas auf der Erde bei, indem er sich chemiefrei gegen die Schädlinge seiner Gärten verteidigt und den Gorillas den Lebensraum nimmt. Das Beispiel illustriert nicht bloß die Funktionsweise des Kolonialismus im Ökonomischen, sondern das Funktionieren der Ausbeutung im Ökologischen generell. Noch das spärliche Bisschen an Natur, das uns hierzulande zu schützen bleibt, und sei es vor sich selber, lebt also letztlich auf Kosten der spärlichen Reste von wirklicher, urwüchsiger Natur in der Dritten Welt. So ist das und das Dilemma unaufhebbar.

Vorn am Westerweg, auf der Reihe von Julen, die ihn die Wettern entlang begleitet und so die Grenzen des unmittelbar menschlichen Bereichs mit Häusern und Gärten bezeichnet, bewacht der Bussard sein Revier, das sich von der Grenzlinie aus vor ihm erstreckt als ein Meer und nur darauf zu warten scheint, dass er sich hineinstürze. Hinterm Horizont ist die Sonne gerade beim Versinken, was hier im Norden meist ziemlich lange dauert. Der Bussard sitzt auf irgendeine Maus oder sonst ein kleines Tier an, das sich ihm im Bereich seiner Augen zeigen könnte, damit er sich auf es stürze. Von Zeit zu Zeit wechselt er die Jule, behält aber, außer beim Fliegen (meist auch dabei), immer die Blickrichtung nach Westen. Denn daher weht ihm heut der Wind. Der Bussard weiß immer dafür zu sorgen, dass Wind und Luft ihm von vorne kommen, aus welcher Richtung des Himmels auch immer. Selbst bei schwerem Nordweststurm blickt der Bussard nach Nordwesten, und wenn er, um das Gleichgewicht zu wahren, die Flügel zu Hilfe nehmen muss. Er bewegt sich auf der Grenze zwischen der Menschheit und der Wildnis (wobei er es ist, der hier das Bedürfnis nach Wildheit vorgibt). Der Bussard ist ein Grenzgänger. Als solcher standorttreu.

Nach dem Prinzip »Wie oben, so unten« erscheint mir der Garten als »kleine« Welt, Mikrokosmos, im Unterschied zum Kosmos im Großen, zur Makrowelt, die ebenso gut hier bei mir beginnt wie alles andere im Universum, von dem ich nur ein Teil bin, auch. Gerate ich unversehens in die Perspektive eines umgekehrten Fernglases, bin ich auf der Stelle im Bild verschwunden, vielleicht auch aus ihm hinaus. So ist vor Ort unser Garten zu einem Teil Nutzgarten, erzogener Raum, wo Gemüse, Kräuter und Beeren angepflanzt und gezogen werden, der Rest ist Wildnis, sich selbst überlassen, sich selbst erziehender Raum, dennoch, als ein Teil des Gartens selber, der per Definition umzogener und erzogener Raum ist, erzogen.

Gleich der erste Frühlingstag ist ein Gartentag gewesen. Habe, was ich im letzten Herbst versäumte, den Komposthaufen aufgesetzt. Vieles aus dem Inneren war noch gefroren. Schlecht zu verarbeiten. Kein einziger Regenwurm in Sicht. Dafür heute Abend im Wohnzimmer eine halbstarre kleine grüne Eidechse. Sie muss unterm Fußboden hervorgestiegen sein, hinauf ins Warme. Doch sah ich sie erst später, kalt, zurückgefallen in einen Zustand der Erstarrung, bewegungsunfähig.

Das Nadelwäldchen zeigt Spuren von Krankheit. Braune Nadeln an den Fichten, wie schon vor Jahren einmal. Und wie schon vor Jahren hab ich wieder zum Bittersalz gegriffen, das damals gute Wirkung getan hat. Natürlich werden braune Nadeln nie wieder grün, doch die Austriebskraft erholt sich und nimmt zu. Mag sein, nicht auf Dauer, so dass ich daher jetzt wieder an demselben Punkt stehe wie schon vor Jahren einmal.

Doch selbst wenn ich den Boden jährlich salzen und düngen würde, würde es mir auf Dauer nicht gelingen, hier Fichten anzusiedeln. Denn das eigentliche Problem besteht darin, dass Fichten an diesem Platz nicht gedeihen können, wenn man nicht nachhilft. Sie wollen nicht als Windschutz stehen, sondern brauchen selber einen.

Auch der letzte für die Meisen bestimmte Nistkasten ist von Spatzen bezogen worden. Die offenen, für Halbhöhlenbrüter wie Rotschwänzchen bestimmten Kästen sind schon gleich zu Anfang zu Spatzenhöhlen umgebaut worden, in denen es nun schon seit Jahren Spatzen heckt.

Zuletzt ein dreitägiger Landregen, der inzwischen aufgehört hat. Die Gräben sind dabei überzulaufen, und alles auf der Welt ist nass. Sogar der Steinfußboden im Haus ist nass. Dafür ist es deutlich wärmer geworden, schwüle Feuchte. Kalte Nässe. Schwitzen. Eben ist der rote Kater aus dem Graben geklettert, wo er an der Böschung gesonnt hatte. Jetzt sitzt er mitten auf der Wiese und sieht sich um. Irgendwann hat er mich entdeckt. Eine Zeitlang blicken wir uns gegenseitig in die Augen.

Während ich zu Papier und Stift greife, sehe ich, wie er davongeht, wieder zum Graben zurück.

Jetzt ist er verschwunden. Wenigstens für mich. Gott weiß, wer ihn nun sieht. Vielleicht Gott.

Ich sitze auf der Veranda, sitze in der Sonne und frage mich, wer mich sieht. Mir ist angenehm warm, endlich, nachdem ich den ganzen Vormittag gefroren hatte, wie den ganzen Winter nicht. Beinahe schon zu warm.

Die Luft ist, wo ich sitze, still. Vereinzelte Geräusche, die zu mir dringen – aus dem weiten Raum, der mich umgibt. Keinerlei Bewegung für die Augen.

Einmal gleiten zwei Rauchschwalben kurz durchs Bild, die ums Haus huschen. Lärmend kommt der Star um die Ecke zu seinem Nistplatz unterm Blechfirst des Hausdachs gerade über meinem

Kopf. Weit hinten über den Weiden wird ein Bussard von zwei Kiebitzen angegriffen. Während er kreisend, flatternd, mühsam Höhe zu gewinnen sucht, steigen sie mühelos über ihn und stoßen von oben auf ihn herab. Schwerfällig weicht er aus, während sie schon in weitem Aufwärtsbogen zu neuem Sturzflug ansetzen.

Zuletzt geht die Verfolgung über die Grenzen ihres Nistreviers hinaus, und sie lassen von ihm ab, um zu ihrem Nest zurückzukehren. Der Bussard entfernt sich mit langen Schlägen der Schwingen, gewinnt allmählich an Tempo, erhebt sich endlich, ohne weitere Flügelschläge, die ihm Auftrieb gäben, segelnd in die Lüfte. Jetzt treibt er auf den Winden, die vom Boden hochsteigen, von der Sonne erwärmten Luftströmungen. So hängt er am Himmel.

Manchmal verfolgen sich mehrere Schwalbenpaare dicht ums Hausdach herum, flitzen um die Ecken wie ein einziger Vogel, und eben ist so ein Schwalbenpärchen mit dem heimkehrenden Star kollidiert, der vor Schreck seinen Wurm aus dem Schnabel verliert. Das gibt ein wüstes Geschimpfe.

Rudolf, der Nachbar, geht über sein Land. Er singt ein Lied aus vollem Hals. Sonst hör ich ihn höchstens pfeifen.

Der Bussard, dem ich Zusehen wollte, ist längst weg, als ich mich seiner erinnere. Hier sitze ich und hab es gut. Ich hab ein Stück Land, über das ich schauen und sogar gehen kann. Das mir gehört.

Ein Trupp Möwen, in lockerer Formation, zieht übern leeren, warmen Himmel. Sie sind unterwegs von der Nordsee zur Elbmündung. Dazwischen dieses bisschen Land, das überwunden werden muss. Manchmal folgen sie in gewissem Abstand den Wasserläufen, die es durchziehen.

Ich habe soeben auf etwas herumgekaut, einem Fäserchen, sehr intensiv von Geschmack. Mich wunderte es, weil ich seit einiger Zeit nichts mehr zu mir genommen hatte. Es schmeckte durchdringend süß und war hart und faserig zu kauen. Zermalmbar. Ein längeres Behagen.

Als ich es aus dem Mund auf die Fingerkuppe nehme, um es zu betrachten, stellt sich heraus, dass es sich um einen kleinen roten und schwarzen Käfer handelt, der mir wohl beim Dösen in den offenen Mund geflogen ist.

Auch Insekten sind Menschen. Wie wir alle, mein ich. Sie gehen durch, deutlich sichtbar, irgendwoher irgendwohin, aber gewöhnlich kaum zu identifizieren. Die ältesten Lebewesen der Erde, denen wir Menschen hierzulande zu begegnen Gelegenheit haben. Es ist ihr Alter, was macht, dass sie im Wesentlichen stumm bleiben. Selbst wenn sie gefoltert werden, bleiben sie stumm.

Rudolfs Kühe gröhlen. Es ist Melkzeit. Auf dem Pfosten der kranken Trauerweide hat sich ein Gartenrotschwänzchen niedergelassen. Es zuckt wie nervös mit dem Schwänzchen. Ist schon wieder weiter.

Ein wesentlicher Umstand, der den Greifen bei der Jagd auf vierbeinige Beute zugutekommt, ist deren Vierbeinigkeit. Diese erlaubt den betreffenden Tieren aus anatomischen Gründen nur den Blick nach unten und nach vorn, allenfalls noch zur Seite, aber nicht nach oben, so dass für sie der Greif, der sie von oben her jagt, aus dem Off kommt, aus dem Dunkel, und herrscht selbst helllichter Tag. Für Hase, Kaninchen, Maus und Wiesel genügt es, vor sich den Schatten zu entdecken, den er im Sonnenlicht auf den Boden wirft, dass sie, was das Zeug hält, in die nächste Deckung rennen. Doch oft ist es dann schon zu spät, sitzt ihnen der Greif schon im Nacken.

Übern Westerweg fährt ein Trecker mit einem Wagen im Schlepp, auf dem in einem eisernen Käfig ein Bulle transportiert wird. Vorn auf dem Wagen sitzt ein Mann, der sich alle Zeit nach dem Käfig umdreht. Das starke Tier scheint unruhig.

Aus der entgegengesetzten Richtung nähert sich ein Kutschwagen, gezogen von einem grauen Pony und gelenkt von einem alten Mann, neben dem auf dem Bock seine alte Frau sitzt. In der einen Hand hält er die Zügel, und mit dem anderen Arm weist er erklärend in die Welt.

Sie biegen auf den Weg ein, der an meinem Platz vorbeiführt. Wie sie näherkommen, erkenne ich, dass ich mich geirrt habe. Der alte Mann ist Robert und seine alte Frau sein Schwiegersohn Willi. Robert winkt mir einen Gruß herüber: »Wir haben eine Vatertagstour gemacht.« Ja, das sehe ich jetzt auch. So sehr geirrt hab ich mich gar nicht.

In der Erle, die noch nicht ausgeschlagen hat, steht der Star und blickt sich um. Unter dem Baum geht der rote Kater vorbei. Übern Himmel kommt von Osten her eine dicke weiße Wolke. Ganz allein. Angesegelt. Schön sieht sie aus und gezackt.

Auf dem Westerweg herrscht geradezu Verkehr. Diesmal ein Auto. Ich kann mich nicht im Ernst darüber ärgern, bin doch ich selber einer der ersten gewesen, die diese Wirtschaftswege mit dem Auto, und das allein zum Schauen, befahren haben.

Nun kommt der Trecker von vorhin zurück. Der große Eisenkäfig auf dem Anhänger ist jetzt leer. Und der Mann, der sich eben fortwährend nach ihm umgeschaut hatte, ist auch nicht mehr da. Am Himmel kreist eine riesige Möwe. Anscheinend hat sie einen warmen Aufwind gefunden, auf dem sich gut spielen lässt. Bald gesellt sich eine zweite hinzu, nicht weniger groß. Sie segeln auf dem Wind, wie ich es sonst nur von den Bussarden kenne. Vielleicht, dass die Möwen der Aufwinde wegen, die es überm Wasser nicht gibt, übers Land kommen.

Es sind gar nicht Rudolfs Kühe, die da gröhlen. Es sind Hinnis' Kälber. Als ich weit im Westen über den drei Eschen auf dem Göschedeich zwei Bussarde aufsteigen sehe, greife ich zum Glas.

Ich denk, ich spinne. Weiter westlich am Himmel stehen, drei, vier, … sieben Bussarde, noch mehr, ich kann sie nicht zählen. Sie wimmeln durcheinander wie ein Fliegenschwarm. Als hätten sich an diesem späten Nachmittag alle Greife der Gegend dort überm Moor versammelt. Es müssen zwanzig bis dreißig Stück sein, die dort weit im Westen kreisen.

Die Zacken der dicken weißen Wolke im Osten haben sich geglättet. Jetzt hängt sie wie ein schweres rundes Kissen am Himmel. Ansonsten ist er leer. Heute keine Düsenflieger, die den weiten Himmel mit schrillem Kreischen zerrissen. Der Trecker mit dem Bullenkäfig nähert sich schon wieder. Anscheinend hat er noch einen loszuwerden.

Und wieder, im Westen, die tausend Greife. Wie tausend Möwen. Davor, im Glas, tausend Fliegen. Zwischen ihnen Schwalben und Stare und Mücken. Die Luft ist heute voll. Und alle Zeit mal wieder ein Trupp Möwen. Die dicke Wolke hat sich vor die Sonne geschoben. Plötzlich ist sie gar nicht mehr weiß, sondern von einem gefährlichen anthrazitfarbenen Grau. Oben begegnen sich zwei kleine einmotorige Flugzeuge. Ihr lautes Brummen klingt in diesen Tagen fast gemütlich.

Warum der Käfer wohl süß geschmeckt hat? Ob irgendwer, der ihn sonst nicht fressen würde, dadurch veranlasst werden soll, ihn zu fressen? Vielleicht ich?

Die zivilisierte Menschheit hat fast alle Bitterstoffe aus ihrer Nahrung entfernt. Ob das richtig war? Auf jeden Fall ist es zivilisiert.

Düsenflieger sind mindestens ebenso zivilisiert wie süße Käfer, und der Fortschritt ist schon alt. Ich lasse mir von denen, die den Fortschritt benutzen, um weiterzukommen, weil sie da, wo sie sind, nicht bleiben wollen, die Kritik an der Zivilisierung nicht ausreden, bloß weil sie meinen, Zivilisationskritik sei nicht neu und es gebe sie mindestens schon so lange wie die Zivilisation. Eben darum nicht. Ich bleibe hier.

Zuletzt habe ich etwas Kalmuswurzel gekaut, um mir die Lust am süßen Schmecken zu nehmen. Kalmuswurzel ist anhaltend bitter, betäubend. Das macht mir Lust auf mehr vom bitteren Biss der Kalmuswurzel, und so kaue ich und kaue wie ein Verrückter auf ihr herum. Wie wild.

Wie ein Wilder. Am Abend, nach der Dämmerung, Fledermaus, spielt ums Haus, zwischen den Baumkronen. Plötzlich von oben auf mich herab, gestürzt, mannshoch übern Boden und wieder nach oben, huscht übern First, weg. Ich stehe auf dem Hof, schaue mich um.

Auf dem überwiegenden Teil des Grundstücks hat sich inzwischen eine Art gelenkten Wildwuchses entwickelt, der den ungehinderten Blick über Land nicht mehr zulässt. Es haben sich Gassen und Pfade und schmale Wege durchs Gelände gebildet, die durch Mähen freigehalten werden müssen, künftig aber hoffentlich allein durchs Begehen passierbar bleiben oder halt wieder verwachsen werden.

Begonnen hat dieses recht eigentlich an dem Tag, als ich mit dem Mähen der Weideflächen aufhörte und nur noch schmale Schneisen freihielt, die zu den kultivierten Stellen führen, zu den Nutzgärten mit Gemüse, Kräutern, Beeren. Diese Flächen müssen unablässig gegen die sowohl von außen wie von innen anbrandende Wildnis verteidigt werden.

Der Wildwuchs schafft jedenfalls Deckung und damit auch Lebensraum für alles Mögliche Kleingetier. Wenn wir sechs Igel, die natürlicherweise verhungert und erfroren wären, über den Winter bringen und im späten Frühjahr hier wieder aussetzen, dann müssen wir auch dafür sorgen, dass sie Deckung und Nahrung finden, ohne sich dabei allzu sehr in die Quere zu kommen. In freier Wildbahn sind Igel ungesellig, was man kaum glauben mag, wenn man sie in der Kiste sieht, dicht zusammengekuschelt, ein Stachelkissen. Möglicherweise hängt aber die Ungeselligkeit der Igel bloß mit einem niedrigen Nahrungsangebot zusammen und legt sich, sobald es reichlich Futter gibt, wie in der Kiste.

Mein Garten wird etwas, das die Jäger einen Hegebusch nennen, der Form nach. Mir ist allerdings der Begriff »Öko-Zelle«, den ich neulich hörte, sehr viel lieber, weil er erstens komisch und in seiner Doppelsinnigkeit zweitens sehr viel ehrlicher ist. Trotz der Anwesenheit der Hunde auf dem Stück hat sich zum Winter ein Hase gefunden, der gelegentlich im Nadelwäldchen ein Nickerchen abhält. Allerdings nagt er auch an manchen von den jungen Laubbäumen und schält die Rinde ab oder verbeißt die Knospen, soweit er herankommt. Ein- und zweijährige Eichen frisst er mit Haut und Haar, säbelt sie glatt weg. Dagegen muss ich sie schützen.

Obwohl ich es blöd finde (weil ich selbst es gewesen bin, der es hat umbringen lassen), hoffe ich, das Wiesel kommt zurück. Oder ein anderes. Oder ein Marder findet sich ein. Am schönsten wär ja ein Fuchs, der von hier aus seine Streifzüge unternähme, weil ihm die Jäger hier nichts anhaben können. Dies ist ein umfriedeter Bezirk. Hier herrscht, bis auf den normalen Krieg, Frieden. Doch für den Fuchs ist es bei uns wahrscheinlich zu unruhig. Zuviel Hund und Katz und zu viel Hin und Her. Je höher und dichter es wächst, desto mehr Vögel. Und desto größer auch die Vielfalt. Mehr Einzelexemplare von mehr Arten: Garten- und Hausrotschwanz, Braunelle, Zaunkönig, Hänfling, Zilpzalp (Fitis?), Stieglitz, Grauschnäpper, Bachstelze, Amsel, Meise, Rotkehlchen, Stare, Rauchschwalben, Sperlinge, Buch- und Grünfinken. Und da hindurch Sperber und Turmfalk. Bussard bleibt mehr am

Rande dieses Gebiets, wo es an das freie baumlose Gelände grenzt. Krähe auch. Beide sind stärker zum Offenen hin orientiert. Taube, wenn sie nicht darin nistet, bleibt meist drüber. Und Mauersegler drüber hin.

Gelegentlich greife ich lokal oder punktuell ein, indem ich irgendwo einen Reisighaufen anlege oder eine Grasfläche mit Grasschnitt und Pappen bedecke, um die Unterlage, meist Quecke, zu ersticken und darüber durch Pflanzung oder Samenflug eine neue Vegetation sich ansiedeln zu lassen, die dann teilweise wiederum Kolonien bildet wie zum Beispiel die Brennessel, teils aber auch sich in Individuen behauptet, Farn oder Eisenhut, Lupine oder Schierling, Johanniskraut.

Wildgarten nenne ich einen angelegten Garten, in dem wachsen kann, was wachsen will. Auswachsen, bis es stirbt. Das geschieht innerhalb eines Jahresumlaufs oder auch mehrerer Umläufe. Manches stirbt dann auch wieder aus, nachdem es lange bloß gekümmert hat. Auf jeden Fall aber zeigt sich, seitdem ich angefangen habe, Gräser und Kräuter nicht mehr zu mähen, dass jedes einzelne von ihnen sehr verschiedene Wege geht und sehr verschiedene Gestalt annimmt, wenn sie ihrer eigenen Wege wachsen dürfen und nicht immer wieder in acht Zentimeter Höhe gekappt werden.

Und schau ich des Abends vom Fenster aus in den Garten hinein, dann hab ich es plötzlich sichtbar vor Augen: dass die Erde ein lebendiges Wesen ist, und das nicht bloß metaphorisch.

Ja gut, sagt mancher, das weiß jeder.

Aber ich, sag ich, von hier aus kann ich es sehen.

Es bedarf allerdings eines langen und zugleich sehr langsamen Blickes, der mehrere Jahre umfasst, um die allmählichen Veränderungen gewahren zu können, die mit dem Land vorgehen, wenn das Leben gleichsam schichtweise sich darauf niederlässt. Damit dies geschehen kann, muss es jedoch erst einmal beseitigt worden sein. In der Regel nimmt jegliche Gärtnerei ihren Ausgang von dem Versuch, Brache herzustellen, nackte, von allem natürlichen Bewuchs befreite Stellen, wo der Boden offen zutage liegt, in den hinein gesät oder gepflanzt werden soll.

Solche brache Stellen sind im Grunde Wunden, die der Erde zugefügt worden sind, und wie alle Organismen hat auch die Erde nichts Eiligeres zu tun, als diese Wunden wieder zu schließen. Die wild wuchernden Kräuter und Gräser, die der Gärtner bekämpft, lassen sich jedenfalls als Versuche des Bodens betrachten, sich selbst zu kurieren. Wenn nicht außergewöhnliche Umstände und spezielle Bedingungen es verhindern, kommt es auf der ganzen Erde nicht vor, dass irgendwo nichts wächst.

Zumindest tendenziell ist der gesamte Planet von einer Art Hülle aus Bewuchs umgeben, die in einem unablässigen Prozess von Auf- und Abbau begriffen ist. Diese vegetative Hülle ist je nach den lokalen Bedingungen üppiger oder spärlicher entwickelt, aber ob es sich nun um tropischen Regenwald oder um Moos- und Flechtenflora des Hochgebirges handelt, es wird vermittels dieses Pflanzenwachstums ein Raum entfaltet oder aufgespannt, innerhalb dessen bestimmte andere Lebensformen gedeihen, die sich unter Umständen so sehr an ihn angepasst haben, dass sie außerhalb seiner nicht mehr existieren können. Im Prinzip also, nämlich im Hinblick auf die Art der biologischen Konsequenzen, bestehen zwischen der Rodung des brasilianischen Regenwaldes und der Herstellung von Brachland zu gärtnerischen Zwecken in Mitteleuropa höchstens graduelle Unterschiede. In beiden Fällen handelt es sich um Vernichtung von Lebensraum, die das Verschwinden der entsprechenden Lebensformen zur unmittelbaren Folge hat. Nackter Boden, so heißt es in einer der kleinen Schriften der Abtei Fulda, sei Wüste. Bewuchs dagegen, so wäre zu ergänzen, Steppe,

Wald, Heide, was immer, ist so etwas wie die geschlossene Haut der Erde, ist ihr Fell.

Was im Garten zuerst kommt, um offenen Boden verschwinden zu lassen, ist ein saftiger, kaum einjähriger Bodendecker, schnell und dicht wachsend, aber auch rasch welkend, der als ein zäher Wundverband die kahle Stelle bedeckt, ihr Austrocknen verhindert und zugleich ein wenig Humus erzeugt, um der nächstfolgenden Pflanzengeneration, die sich auf diesem Nährboden ansiedelt, etwas günstigere Wachstumsbedingungen zu verschaffen: die Vogelmiere. Ihre Blätter und Stengel sollen essbar sein für Menschen und können als Salat genossen werden. Aber es macht sehr viel Mühe, genügende Mengen von diesen Blättern zu sammeln (in dieser Beziehung ist die Vogelmiere schwieriger als der Feldsalat). Darum wird sie meist zusammen mit anderen, ergiebigeren Pflanzen im Salat des Frühlings auftauchen, neben Brennessel, Löwenzahn, Sauerampfer, alles in allem eine ziemlich bittere Angelegenheit. Umso bitterer, als wir, wie schon gesagt, alles Bittere nicht bloß aus unserer Nahrung, sondern aus unserer Zivilisation generell zu entfernen versucht haben. Mit einigem Erfolg, was sich jetzt rächt. Wir versuchen – unter Aufwendung von beträchtlichen Energiemengen – zu vergessen und zu verdrängen, dass das Leben natürlicherweise eine (hin und wieder wenigstens) bittere Angelegenheit ist. Auch die Vernunft geböte, am besten von allem zu kosten, und sei's auch nur von allem ein bisschen. Mancherorts erscheinen die Zutaten des Frühlingssalates auch als Frühlingssuppe. Dabei wird dann das Bittere durchs Kochen gemildert; überhaupt kommt es für den Geschmack der Suppe wesentlich auf den Gehalt der Brühe an.

Dies klingt nach Großmutters Küche und kommt auch daher. Jedenfalls ist die Brühe in gleicher Weise eine Trägerflüssigkeit für Aromen wie auf der andern Seite Schnäpse und Liköre. Ein einziger Tropfen davon auf der Zungenspitze ist in der Lage, die ganze Mundhöhle mit Geschmack auszufüllen und je nachdem auch den ganzen Kopf. Der Wermut zum Beispiel hat seine bittere Kraft in einem Tropfen, und dann kommt es sehr auf deren Anzahl an, die einer zu sich nimmt. Nachher ist der Gaumen bis unters Schädeldach von einer tauben Bitterkeit durchtränkt, die alles andere Empfinden lähmt und einen erst am nächsten Tag allmählich wieder entlässt.

So hat Kalmus für die Zunge beziehungsweise ihr Geschmacksempfinden etwas Anästhesierendes. Ein Zuviel dieser Wurzel bewirkt im Mund eine Art Überschwemmung mit Bitterkeit, bis man sie gar nicht mehr spürt, weil die Zunge gegen Geschmack überhaupt empfindungslos geworden ist.

Die Eberraute enthält eine aromatische, etwas flüchtige, leichte Bitterkeit, etwas Spritziges, Sektartiges. In der Tat, gäbe es bitteren Sekt, dann enthielte er den Geist der Eberraute. Eine andere Rautenart, die Weinraute, hat eine herbe, fast möcht ich sagen: bittere Bitterkeit, die den Kopf mit einer kräftigen Würze anfüllt, wenn sie nicht, im Übermaß genommen, widrig wirkt, zum Erbrechen reizt.

Wichtig zu wissen ist, dass all diese Geschmacksvarianten besonders anschaulich auf Schnaps daherkommen, ohne jeden Zucker, um etwa das Bittere zu mildern. Denn das Süße tendiert dann selber zum Bitteren, wenn es zu viel ist; ansonsten widerstreitet es ihm, und es besteht die Möglichkeit, dass die beiden sich neutralisieren. Und dann ist einfach gar nichts.

Schön wär es ja, wenn gar nichts wäre. Das hieße es wohl, den Garten als Meditationsraum zu eröffnen. Mir. Nachdem er sich als Lebensraum erschlossen hat, wächst er mir jetzt zu. Doch ist es an mir, ihn, indem ich ihn betrete und besehe, meditierend mir wieder zu öffnen.

Das setzt zweierlei voraus. dass ich ihn sich selbst und mich selbst ihm überlasse. So entfaltet sich der Garten fortschreitend als belebter Innenraum, auch für mich, und dieses Fortschreiten gibt sich als ein Entwicklungsprozess des Lebendigen selber zu erkennen. Im Garten wird mein Stück Land als Lebensraum, als ein Biotop, lebendig.

Das ist ein Ort oder Platz, von dem eine Kette oder mehrere Ketten von lebendiger Materie verschiedener Art hervorgehen, die sich zu einem relativ stabilen Geflecht von Zusammenhängen verschlingen und zum Bios dieses Ortes oder Platzes werden. Dieser ist ein Wesen in einem bestimmten Entwicklungszustand an dem Platz, darauf er siedelt. Von diesen Bionten gibt es heute nur noch wenige, und diese nehmen laufend weiter ab, weil in der industriellen Welt, die sonst denkt, sie wisse alles, von ihrer Existenz nichts bekannt ist, so dass an solchen Orten mit Vorliebe Feriensiedlungen oder Freizeitparks angelegt werden, damit möglichst viele was davon haben, denen der Bios rasch weicht, indem er sich einfach auflöst und verschwindet. Man kann das auch Sterben nennen. Der Geist oder das Wesen eines Platzes stirbt, wenn Menschen sich an ihm niederlassen, indem sie ihn sich, ihren Bedürfnissen, anverwandeln.

Dieser Prozess soll hier im Garten rückgängig gemacht werden, das Wirken des Menschen weitestgehend verschwinden. Die Frage ist halt, ob die Geister wieder kommen, wenn die Menschen wieder verschwinden. Ich hatte eigentlich einen Platz gewollt, wo ich als Wesen unter anderen existieren konnte, ohne zu stören und ohne mich schämen zu müssen, weil ich ein Mensch bin. Einen solchen Ort gibt es natürlich nicht. Ich bin ein Mensch, und also muss ich mich schämen.

Inzwischen gibt es Stellen im Garten, die sich weitgehend selbst überlassen sind. Dort siedeln sich die verschiedensten Lebewesen an, die man oft gar nicht sieht und von denen man nur darum weiß, dass sie da sind, weil sie immer in Gemeinschaft mit anderen auftreten, die für uns sichtbar sind. Es herrscht in diesem Raum durchaus kein friedliches Nebeneinander, sondern ein Ineinander auf Zähne und Klauen, wo eins auf Kosten eines anderen sich behauptet und jedes einzig zu dem Zweck da ist, früher oder später von einem anderen gefressen zu werden, aber in der Zwischenzeit sich möglichst häufig fortgepflanzt zu haben, wobei entscheidend nicht der eine Aspekt ist, dass der Gefressene verschwindet, zu existieren aufhört, zumindest als Person, sondern der andere, dass er dadurch dem Fresser ein Stückchen Weiterleben ermöglicht hat.

Wir gehören ersichtlich nicht nur einer geschichtlichen Welt an, die es uns Menschen erlaubt, als Individuen aufzutreten und aufzutrumpfen, deren jedes einzelne das Gewicht gleichsam der ganzen Art besitzt, was wir mit Fug als unsere Kultur betrachten können. Wir sind auch als Vertreter dieser Art von Lebewesen unterwegs, nämlich als Tierart, deren einzelne Exemplare vor dem natürlichen Geschick nicht mehr an Gewicht und Bedeutsamkeit haben als alle anderen jeder anderen Tierart auch, was sich in der Tatsache ausdrückt, dass die Natur, wenn es ihr einfällt, in totaler Beliebigkeit mit ihnen verfährt, unbekümmert um die Zahl der Individuen oder das kulturelle Gewicht der Exemplare, die auf der Strecke bleiben. Was in dieser Welt des Natürlichen an Notwendigkeit gilt, ist für jedermann klar und akzeptabel, auch wenn es ihm als Individuum und Kulturwesen sein Leben sauer macht. Mag sein, dass er sich dessen, was ihm bestimmt ist, nicht eben erfreut. Aber es gilt. Persönliches Glück ist keine Kategorie des natürlichen Laufs der Dinge, es ist ein Geschenk, unverdient und unerworben. Und es treten in dieser Welt die verschiedenen Arten von Lebewesen in einen erbarmungslosen Wettbewerb, jeder gegen jeden, der allezeit aufs Ganze geht, ein Schauspiel, dessen Tröstlichkeit einzig darin bestehen mag, dass die Erbarmungslosigkeit der Regeln nach allen Richtungen gilt, wodurch letztlich fürs Überleben und Überstehen der meisten Arten gesorgt ist, wie arg auch immer dem einzelnen Exemplar mitgespielt worden sein mag. Und was wir unter uns Kultur oder Zivilisation nennen, bietet denn auch, wenn's wirklich ernst wird, nur einen äußerst dürftigen Anlass und Anhalt, im Nächsten den Nächsten zu erkennen und nicht etwa den Fernsten.

Es fällt uns zivilisierten Menschen ja meist schon schwer genug, eine Kuh von der anderen zu unterscheiden, einen Spatz vom anderen, eine Maus von der anderen, eine Ameise, Biene, Fliege von der anderen. Sofern wir uns nicht ausdrücklich auf ein spezielles Exemplar einlassen, das uns dann früher oder später auch seine individuellen Merkmale zeigen wird, an denen wir es von den anderen unterscheiden können, sehen fast alle Exemplare einer Art für unsern oberflächlichen Wahrnehmungsapparat, der sich in der Regel mehr an allgemeinen Merkmalen orientiert als an besonderen, mehr oder weniger gleich aus. Und nicht nur das, wir ziehen daraus zugleich den Schluss, dass sie, da sie gleich aussehen, auch tatsächlich gleich seien. Das gilt sogar innerhalb unserer eigenen Art. Wohl jeder kennt die Versuchung zu behaupten, für ihn sähen alle Schwarzen oder alle Japaner gleich aus, und umgekehrt mögen sie wohl auch sagen, dass die Weißen, trügen sie nicht diese verschiedenfarbigen Hüte auf den Köpfen, sich nicht voneinander unterscheiden ließen.

Das alles ist bekannt. Wir neigen jedoch dazu, diese Perzeptionsgewohnheiten nicht recht ernst zu nehmen oder, wenn wir es doch tun, sie uns selber als Nachlässigkeit vorzuwerfen, die uns die Wahrheit vorenthält, anstatt ihnen (innerhalb gewisser Grenzen) zu vertrauen und die Wahrheit in ihnen zu sehen. Mich jedenfalls lehrt der Blick, demzufolge alle Ohrwürmer im Garten gleich aussehen, dass es womöglich auf die eventuell vorhandenen Unterschiede der Person bei den Ohrwürmern überhaupt nicht ankomme, jedenfalls für mich nicht, sondern ausschließlich auf die Identität ihrer Funktion, die etwa darin bestehen mag, dass sie auf den Kirschbäumen die schwarzen Blattläuse fressen, deren Individualität für mich ebenfalls ohne jeden Belang ist. Ich will sie bloß weghaben, und zwar nicht als Individuen, sondern als Art, weil sie im Frühjahr als Art das Wachstum derjenigen jungen Triebe beeinträchtigen, an denen im nächsten Jahr die Früchte wachsen sollen. (Dennoch hat sich die von Bio-Gärtnern dazu empfohlene Methode, mit Holzwolle gefüllte Blumentöpfe in die Bäume zu hängen, als Unterschlupf für die Ohrwürmer, die von hier aus Jagd auf die Blattläuse machen und diese beträchtlich dezimieren sollen, nach meiner Erfahrung nicht bewährt, und zwar deswegen nicht, weil zu der Zeit des Frühjahrs, wenn die Blattläuse aktiv werden, die neue Generation der Ohrwürmer noch gar nicht entwickelt ist.)

Von dem Schicksal, eine Doppelexistenz als Individuum und als Exemplar zu führen, sind wir alle betroffen, die wir als Lebewesen bezeichnet werden können, gleichgültig, ob wir zu den Ich-Sagern gehören, die wir uns vermöge unseres einzigartigen Ichs von allen anderen zu unterscheiden imstande (und auch willens) sind, oder ob wir zu den Wir-Sagern gehören, für die jeglicher Unterschied zwischen Ich, Du und Er im Wir aufgehoben ist.

Das Wir ist gegenüber dem Ich eine Organisation höherer Ordnung, und je nach der Verbindlichkeit, mit der sie gilt und akzeptiert ist, verliert das Phänomen des individuellen, persönlichen Todes nicht bloß an Schrecken, sondern auch an Wirklichkeit. Für ein Wesen, das bloß als Exemplar, als Vertreter seiner Art existiert, gibt es weder eine individuelle Existenz noch einen persönlichen Tod. Was lebt und stirbt, ist das Volk, der Staat, die Art, und dem Bestand des Ganzen ordnet sich jedes Exemplar fraglos ein. Es hätte gar nicht die Möglichkeit, sich anders zu entscheiden, weil es die Fähigkeit, sich zu entscheiden, nicht hat. Sein Verhalten ist ihm vorgegeben.

Nach dem Abendessen wollten wir mit den Hunden über die Weiden zur Gösche gehen, dem kleinen Fluss, der nach Westen zu zwischen den Odisheimer und Steinauer Ländereien die Grenze bildet. Noch während der Vorbereitungen zum Aufbruch sah ich durchs Fenster auf dem Hof einen ungewöhnlich großen Igel, der eilig hin und her rannte. Ich rief A., um ihn ihr zu zeigen, und sie lief auf der Stelle in die Küche, um die überreife Banane zu holen, die dort schon seit Tagen lag, weil sie von uns keiner mochte. (Als sie sie stückweise dem Igel vors Maul legte, zeigte sich, dass der alte Rüde sie wohl gemocht hätte.) A. streichelte dem sich erschreckenden Igel sachte über den stacheligen Rücken, und um das Idyll nicht zu stören, zog ich allein mit den beiden Hunden los. Wir gingen unserer üblichen Wege, und als wir nach einiger Zeit von der Gösche zurückkamen, fand ich A. im taunassen Gras sitzend, den Igel auf dem Schoß zwischen ihren Schenkeln, wo er friedlich und zufrieden zusammengerollt schlief.

Ein anderes Mal hat sie mich dazu gebracht, zusammen mit ihr nachts um zehn in tiefer Dunkelheit bei schwerem Südsturm mit Taschenlampen auf dem Hof nach einem kleinen Igel zu suchen, der, als ich die Hunde in den Zwinger gebracht hatte, im Lichtkegel meiner Lampe erschienen war. Und nun hatte A. sich in den Kopf gesetzt, ihn vorm bevorstehenden Winter zu retten. In diesem Jahr gelang es ihr, sechs kleine Igel, die wir nach und nach gefunden hatten, in den Winterschlaf zu füttern, aus dem sie im Mai nächsten Jahres putzmunter alle sechs erwacht sind.

Dies hatte ungeahnte Folgen. Dass wir heute den Garten als Versuch betreiben, Lebensraum zu schaffen, Raum für Lebewesen jeder Art, um darin zu leben, das hat sich eigentlich erst seit dem Abend ergeben, da ich mit sechs winterschlaftrunkenen Igeln im Henkelkorb auf dem Stück stand und überlegte, wohin ich sie aussetzen könnte, ohne dass sie sich alsbald in die Quere kämen. Igel brauchen Deckung. Was ist für Igel Deckung? Hohes Gras und Gebüsch. Davon haben wir zwar reichlich, aber wohl doch nicht genug für sechs Igel.

Obwohl ich keine Ahnung habe, wie groß das Revier eines Igels unter natürlichen Umständen ist, nehme ich an, dass die hiesigen Umstände zu wenig natürlich sind, um mehr als zwei oder drei Igeln Platz und Nahrung zu bieten, und mit diesen zwei oder drei Igeln habe ich schon als mit den Eltern meiner sechse zu rechnen, die hier gut und gerne auf eigene Faust überwintert haben können. Vielleicht, wenn das ganze Grundstück sich selbst überlassen bliebe, wenn ich meine ohnehin verzweifelten Versuche aufgäbe, die Wiesen als Rasen zu halten, vielleicht, dass dann genügend Raum entstände, durch den die Igel auf Nahrungssuche stöbern könnten und wo sie dann auch die Chance hätten, genügend Nahrung zu finden, Deckung für die Igel hieße dann aber vor allem Deckung für diejenigen Tiere, von denen die Igel sich ernähren, also Käfer, Spinnen, Würmer, Frösche, Schnecken, kleine Schlangen und wohl auch mal 'ne Maus, wenn sie eine erwischen, halt so ziemlich alles, was einem über den Weg läuft, wenn man als Igel durchs Revier stöbert, immer der Nase nach.

An diesem Abend, als ich, übers ganze Grundstück verteilt, unsere sechs Igel aussetzte, jeden mit einem Stück Banane für den ersten Hunger nach dem Erwachen versehen, begann mit unserem Garten etwas Neues.

Unser erster, ursprünglicher Zweck, auf diesem Stück Land ein weitgehend autarkes Leben zu führen, unabhängig vom Aldi und sonstigen Supermärkten, wurde stillschweigend, wenn schon nicht aufgegeben, so doch modifiziert. Was Gemüse- und Obstgarten gewesen war, blieb Gemüse- und Obstgarten; doch was zwischen den kultivierten Stücken lag und im Hinblick auf eine eventuelle künftige Kultivierung von mir mit dem Rasenmäher überschaubar gehalten worden war, wurde nun sich selbst überlassen. Das Gras durfte wachsen, wie es wollte. Wir legten Hecken an, und künftig wurde jeder Baumsämling, den ich finden konnte (hauptsächlich Esche, Ahorn, Erle, Eiche), vor der Hacke gerettet und sorgfältig auf die einstige Wiese gepflanzt, damit er dort mit der Zeit zum Baum werden könne. Aus der anfänglichen Unterlassung, zum Beispiel des Wiesemähens, wurde sehr bald ein aktives Verhalten, nämlich sozusagen ein Versuch, Welt zu schaffen, Welt für jegliches Lebewesen, das hier existieren wollte und konnte, mich eingeschlossen, Welt. Lebensraum, Biotop. Das ist, wie schon gesagt, ein Ort zum Leben.

Wenn hier ein Vogel durchfliegt, der sich hinsetzen, oder richtiger: hinstellen will, dann setzt oder stellt er sich notgedrungen hier hin. Nur hier gibt es Büsche, Bäume und Deckung, während rechts und links davon weit und breit bloß gemähte Wiese ist. Genauso sah es hier aus, bevor der Garten zu wachsen anfing. Nichts als Gras auf und ab, mit Ausnahme der einen solitären Erle im Nordwesten des Grundstücks. Nun aber ist alles voll mit Büschen und Bäumen, von denen und zu denen man fliegen, in die man sich stellen, in denen man nisten und von denen aus man jagen kann. Und wer immer noch, wie Star, Amsel und Bachstelze, ein Bedürfnis nach flacher, gemähter Wiese hat, der findet diese nebenan.

Das Leben, so scheint es, siedelt sich schichtweise auf der Erde an, über-, neben-, ineinander verschränkt, einen Raum erfüllend, der sich bildet, indem das sich ansiedelnde Leben ihn ausfüllt. Das Erdreich, eine Fläche, die sich als Raum entfaltet. Nackte Erde,

Boden, Gräser, Kräuter, Rasen, Büsche und Hecken, Bäume, mit zunehmendem Höhenwachstum, einem Hinausgreifen der Gewächse über sich selber, dehnt sich Schicht über Schicht der Raum weiter aus, neue Lebensräume eröffnend für weitere Lebewesen. Amphibien, Reptilien, kriechende, laufende, fliegende Insekten, kleine Säuger wie Igel und Fledermaus, Singvögel, Raubvögel, Nacht- und Wasservögel.

Eine entsprechende Schichtung von Lebensraum mit darin enthaltenen Lebewesen wächst auch nach unten, ins Erdinnere. Der durchwurzelte Boden erzeugt Raum und Milieu für alles Mögliche Kleingetier von Würmern und Larven, das, zumindest zeitweilig, im Boden lebt, von Käfern und Mäusen, Hamster und Maulwurf bis zu Mikroorganismen und Mikroben, die an solche Art unterirdischen Bewuchses vielfältig angepasst sind, was so weit geht, dass letztere schließlich alles Abgestorbene beiseiteschaffen, indem sie es umwandeln, in Humus und Erde verwandeln, woraus neues Wachstum entsteht, so dass die Moleküle einen weiteren Rundgang durch Pflanze und Tier antreten.

Und ich, zwischen all diesem geh ich allmählich unter. Beteilige ich mich an dem Vorgang. Werde selber ein Lebewesen, das seinen Raum in diesem Garten hat, in diesem Garten lebt, wenigstens zuweilen, und darin untergeht.

Schön wär's ja; das wahre Paradies. Doch das ist bekanntlich, womit alles anfing, verloren.

Dennoch bin ich ihm nirgends so nah wie im Garten. Nicht ohne Grund heißt ja in den großen Kathedralen der Gotik das Gewölbe über dem Durchgang des Portals Paradies, während die Vierung das Himmelreich symbolisiert. So liegt dem Gang in die Kirche die Vorstellung zugrunde, dass das Paradies der Durchgang zum Himmelreich sei und nicht etwa dieses selber. Im Unterschied zum Himmel auf Erden, der es nicht ist, ist der Himmel im Himmel ewig.

Der Garten jedoch ist auch in diesem Jahr wieder ganz anders als in den Vorjahren. Doch wahrscheinlich bin auch ich anders, und so wird auch unsere Beziehung anders sein. Mit der Line ist mir mehr gestorben als ein Hund. Dieses Tier ist ein Teil meines Lebens gewesen, das nun zu Ende ist. Seit die Hündin tot ist, halte ich mich selbst für ein bisschen gestorben.

Ich bin in der Tat im letzten Jahre dem Tod sehr nahe gewesen. Gern wäre ich im Garten begraben, wo auch die Hündin begraben liegt. Ich versuche mir vorzustellen, dass auch die andern von uns hierher zu liegen kämen. Aber so etwas gibt es ja nicht mehr.

Obwohl ich heute das Gegenteil gelesen habe. Ein Bauer, der ausdrücklich als Querulant bezeichnet wurde, hat es gegen die Behörden durchgesetzt, seinen gestorbenen Vater im eigenen Wald begraben zu dürfen. Wie es scheint, gibt es in Niedersachsen kein Gesetz, das die Bestattung eines Menschen auf einem kirchlichen Friedhof vorschreibt. Es müssen lediglich seuchen-hygienische Bedingungen erfüllt sein.

Meine Lieblingsvorstellung, mir den Garten über den Kopf wachsen zu sehen, reicht ja weiter. Er würde mich zuletzt so vollständig in sich aufnehmen, dass ich schließlich selber Gartenerde würde.

Doch ich bin noch gar nicht tot. Bin im letzten Winter nicht gestorben. Ich bin noch am Leben, und das muss jetzt weitergehen.

Gestern Abend, nach knapp drei Wochen frühlingshaften Wetters mit viel Sonne und Ostwind, der das winternasse Land rasch austrocknete, der erste warme Regen, wie er zum Mai gehört, der einfach sacht herabfiel und alles Wachsende schonend wässerte.

Ich ging darin herum, um selber zu wachsen. Je mehr von diesem Regen fiel, desto stärker kühlte die Luft ab, und heute ist einer von diesen kühlen Maitagen, an denen der Boden noch einmal

Feuchtigkeit speichert, bevor der Sommer beginnt und mit ihm – vielleicht – die lange Zeit der Trockenheit.

Im Übrigen ist Wasser nicht gleich Wasser. Mir ist aufgefallen, dass auch mehrtägiges Wässern bei Trockenheit jungen Gemüsepflanzen nicht auf dieselbe Art zuträglich ist wie ein einziger Regenschauer. Während das Wässern mit Leitungswasser aus dem Schlauch und dem Berieselungsgerät sie höchstens vor dem Vertrocknen bewahrt, bringt erst der Regen sie zum Wachsen und Gedeihen. A. meint, dies liege an der Temperatur des Wassers. Ich neige mehr zu der Annahme, dass der Regen, obwohl er, wie ich selbst festgestellt habe, leicht sauer ist, irgendwelche zuträglichen Kräfte und Elemente, vielleicht sogar Stoffe enthält, die dem Leitungswasser, das im Werk zusammengemischt wird, abgehen. Vielleicht, dass dieses Wasser bloß Nass ist und nichts weiter. Beim Regen, der dem natürlichen Kreislauf des Wassers entstammt und auf seinem Weg durch Erde und Luft allen möglichen mineralischen und atmosphärischen Einflüssen ausgesetzt gewesen sein mag, die sich keiner chemischen Analyse erschließen, könnte das anders sein. Nicht ohne Grund jedenfalls wässert der erfahrene Kleingärtner lieber aus der Regentonne als aus dem Schlauch, auch wenn das bedeutet, dass er fortwährend mit der Gießkanne zu seinen Pflanzen hin unterwegs sein muss, anstatt dass er bloß einen Hahn aufzudrehen braucht, um es aus der Leitung regnen zu lassen.

Vom Kompostplatz winkt A. aufgeregt zu mir herüber, ruft: »Es ist ein Unglück geschehen.« Ich lasse die Hacke fallen, folge ihr mit raschen Schritten zwischen die hohen Erlen. Einer von den Nistkästen ist beim Sturm vom Baum gefallen und liegt jetzt zerbrochen am Boden. Vielleicht ist es auch die Katze gewesen, die wieder einmal versucht hat, sich vom Dach des Kastens aus einen heranfliegenden Vogel zu greifen. Im Nest sind fünf oder sechs frisch geschlüpfte Junge, noch nackt und gewiss nicht älter als drei oder vier Tage. Die kleinen Körper fühlen sich schon kalt an, bewegen sich aber noch. Das größte von den Jungen sperrt, wie es die Berührung meines Fingers spürt, seinen signalgelb umrandeten Schnabel auf, eine riesige Öffnung für ein so winziges Wesen, als könne es selbst darin verschwinden. Auf dem nackten, kugeligen rosafarbenen Bauch sitzen ihm schon winzige weiße Maden, die darauf warten, sich an ihm dick fressen zu können.

Hier gibt es nichts mehr zu helfen. Ich schicke A. weg und nehme vorsichtig, einen nach dem anderen, die kleinen Körper aus dem weichen Nest heraus und schlage sie über die Kante der hölzernen Einfassung, die den Kompostplatz begrenzt. Es ist mir zuwider, dies zu tun, doch mir scheint, dass ich mich als Mensch und Macher des Gartens in eine Lage begeben habe, die mir unter Umständen so etwas zwingend abverlangt. Die andere Möglichkeit wäre einzig die, mich um das Schicksal dieser Tiere weiter nicht zu kümmern und sie sich selbst und ihrem sicheren Tod zu überlassen.

Sterben und Tod, soviel glaube ich inzwischen begriffen zu haben, sind in der Natur etwas Normales, zur Sache, das heißt zum Leben Gehöriges, und menschliches Eingreifen, wie auch immer durch Mitleid und Barmherzigkeit motiviert, bewirkt weiter nichts als eine Störung der normalen, natürlichen Abläufe und hat zuweilen katastrophale Folgen, nämlich Tod und Verderben ganzer Populationen. Wenn ich schon dahin gekommen bin, mich des Eingreifens zum Zwecke des Schutzes der Ernte weitgehend zu enthalten, so müsste ich auch konsequent sein können und dies auch in einem solchen Falle tun.

Und in Wirklichkeit weiß ich auch über das Sterben dieser kleinen Wesen, das ja vielleicht gar nicht qualvoll ist, sondern ein ruhiges, langsames Verdämmern, überhaupt nichts; es könnte doch sein, dass meine Vorstellungen über die Qualen eines langsamen Todes nur meiner eigenen Unwissenheit und meinen eigenen namenlosen Ängsten davor entspringen. Vielleicht ist die Vorstellung, ein rascher Tod, zugefügt, sei barmherziger und leichter als ein langsamer, erlitten, ausgehalten, bloß ein Irrtum und nichts weiter als eine Denkkonvention, beruhend auf Unwissenheit.

Auf diesen Gedanken bin ich durch eine Stelle in T. E. Lawrences *Die Sieben Säulen der Weisheit* gebracht worden, wo von den kulturellen Bedingtheiten des Sterbens die Rede ist: »Abdulla konnte nicht begreifen, warum die Engländer die Tiere erschössen, die sie marschunfähig zurücklassen mussten. Ich wies darauf hin, dass wir Araber uns ja auch gegenseitig erschössen, wenn wir im Kampf schwer verwundet würden. Abdulla entgegnete, das geschähe doch nur, um zu verhindern dass wir so gemartert würden, dass wir uns vor uns selbst schämen müssten. Sicher, so meinte er, gäbe es kaum einen lebenden Menschen, der nicht ein allmähliches Versiegen des Lebens in der Wüste dem raschen Ein-Ende-Machen vorzöge. Seiner Anschauung nach war wirklich der langsamste Tod der mildeste von allen, denn ein Zustand, in dem man nichts mehr zu hoffen habe, bewahre einen vor der Bitternis aussichtslosen Widerstandes und ermöglichte es der Menschenseele, sich ungehemmt auf die Gnade Gottes zu bereiten. Unsere englische Auffassung, dass es menschenfreundlicher wäre, jede Kreatur, außer den Menschen selbst, rasch zu töten, vermochte er nicht ernst zu nehmen.« (598/99)

Ich kann nicht ausschließen, dass der alte Araber Recht hat und dass es daher nicht bloß für mich selber, sondern auch für die kleinen Vogelwesen barmherziger wäre, sie ihrem natürlichen Sterben zu überlassen. Zumal in meinem Garten ja fortwährend getötet und gestorben wird, meist, ohne dass ich es auch nur bemerke, aber wenn doch, dann jedenfalls ohne Einmischung meinerseits.

Dieser Tage konnte ich zusehen, wie eine schwarze Nacktschnecke von einer Singdrossel buchstäblich in kleine Stücke gehackt und lebendigen Leibes gefressen wurde. Es dauerte einige Minuten, bis die Schnecke vollständig in dem Vogel verschwunden war, und ganz sicher war zumindest während der Hälfte der Zeit, die dieser Vorgang in Anspruch nahm, das Tier noch lebendig. Ich versagte mir nicht nur das Eingreifen, sondern auch das Wegschauen, weil ich das Gefühl hatte, dies sei eine Vorführung eigens für mich, um mir zu zeigen, wie es in der Natur zugehe, für deren unbehindertes Wirken ich mich auf diesen Seiten so vehement stark mache. (Was streng genommen reiner Unsinn ist.

Überhaupt ist Naturschutz, streng genommen, reiner Unsinn, weil Natur ein umfassendes Geschehen ist, das den Menschen samt seinem Wirken einschließt und dessen Schädlichkeit für das Ganze entweder will und beabsichtigt oder es doch wenigstens duldet, zumindest solange, wie es sie nicht unterbindet. Nun wäre es angesichts des geradezu atemberaubenden Tempos, mit dem der Mensch seit gut hundert Jahren daran gegangen ist, die Grundlagen des Lebens auf der Erde zu vernichten, durchaus denkbar, dass er die Rückkoppelungsmechanik des natürlichen Systems, die auf die langfristigen Zeiträume der Evolution eingestellt ist, sozusagen überholt und überlistet hat. Es wäre also denkbar, dass der Mensch das Leben auf der Erde vernichtet hat, bevor die Steuerungen der Erde angesprungen sind, um es zu verhindern [und etwa den Menschen aus dem System herauszunehmen], wobei der einzige Trost der wäre, dass auf die Dauer auch er selber, als eine vom Funktionszusammenhang der Natur abhängige Form des Lebens, diesem Prozess verfiele und die Evolution ihn somit doch wieder einholen würde. Durch das, was heutzutage Natur- oder Umweltschutz heißt, ist der Vorgang der Vernichtung von Natur und Welt nicht zu stoppen, jedenfalls solange nicht, wie er nicht darauf hinausläuft, dem Wirken des Menschen auf der Erde generell einen Riegel vorzuschieben.

Dies würde allerdings den Ausstieg aus der Industriegesellschaft und damit zugleich das Einverständnis mit der daraus folgenden globalen Katastrophe für die Menschheit bedeuten, und ein reinerer Unsinn lässt sich wohl so leicht nicht denken, zumal man, um diese Katastrophe zu erhalten, die Menschheit bloß so weiterzumachen lassen braucht, wie sie es ohnehin tut. Dennoch, es gibt im Hinblick aufs Ganze der Natur mindestens vier Milliarden Menschen zu viel auf der Erde, und ein wirksamer Schutz der Natur hätte hier und nirgendwo sonst anzusetzen. Der Mensch in seiner gegenwärtigen Form als Störenfried und Töterich müsste aus dem Spiel genommen werden. Wie die Dinge liegen, könnte aber nur er selbst es sein, der dies veranlasst. Damit jedoch ist nicht zu rechnen.)

Unbarmherzig geht es zu, jaja, das ist bekannt, und auf das Individuum beziehungsweise das einzelne Exemplar kommt es in der Natur nicht an. Es zählt einfach nicht, es sei denn als Futter für irgendwelche Exemplare anderer Arten, auf die es im Einzelnen ebenso wenig ankommt, solange die Erhaltung der Arten gesichert ist. Und ich vermag nicht einzusehen, warum das bei der Tierart Mensch, für deren Erhalt heute dermaßen gesorgt ist, dass darüber alles andere mehr oder weniger zu verschwinden droht, anders sein soll: Es gibt keinerlei natürlichen oder logischen Grund, warum das menschliche Einzelexemplar anders bewertet werden sollte als jedes andere jeder anderen Tierart, es sei denn einen mittels Macht und Willkür gesetzten, und das heißt, einen kulturellen Grund.

Es ist seine Kultur, was den Menschen von den Regeln der Natur ausnimmt und die allgemeine Unbarmherzigkeit für ihn außer Kraft setzt. Solange alles gutgeht und der Geltungsbereich des Kulturellen einigermaßen gesichert bleibt. Ist dies nicht mehr der Fall, droht alsbald das der Menschheit gewonnene Terrain an die wilde Natur zurückzufallen, und die schwarze Nacktschnecke, die von der Singdrossel zerhackt und gefressen wird, bin unversehens ich selber, es sei denn, ich zerhackte und fräße sie.

So weit so gut.

Jedenfalls nehme ich an, dass in der Natur nichts ohne (funktionellen) Grund geschieht. Der Widerstand, den die Stechäpfel meinen Händen, die sie zu entsamen versuchen, entgegensetzen, wird einen Grund haben. Meine zerstochenen Fingerspitzen, leicht entzündet und gerötet und tagelang wund, bezeugen das Überhören der Warnung, die von dieser Pflanze ausgesprochen wird: Lass die Finger von mir!

Bei der Bilse ist es ganz ähnlich. Zu den winzigen scharfen Stacheln gesellt sich beim Bilsenkraut der abwehrende, für Menschennasen etwas widerliche Duft. Diese Pflanze will einen nicht, was sie deutlich zu erkennen gibt. Wer dennoch ihre Abwehrkreise überwindet und zu ihr vordringt, drängt sich ihr auf, und wenn sie ihm dann wirklich schadet, braucht er sich nicht zu wundern.

Das gilt auch für die giftigste von allen, den Gefleckten Schierling, aus dem ein Absud laut Gerichtsbeschluss den Sokrates tötete: riecht wie Mäusepisse. Wenn er offenen, tiefgründigen Boden findet, kann sich der Schierling zu einem ansehnlichen, mehr als zwei Meter hohen, kugelförmigen Busch entwickeln, dessen weiße Blütendolden zur Verwechslung mit manchem anderen weißblühenden Doldengewächs einladen, wäre da nicht dieser durchdringende Geruch im Garten, muffig und abgestanden wie aus einem wochenlang ungelüfteten Krankenzimmer, der einen abstößt.

Wahrscheinlich ihres schlechten Rufes wegen, der zu ihrer systematischen Verfolgung und Ausrottung geführt hat, findet man solch klassische Giftpflanzen wie Stechapfel oder Bilsenkraut so gut wie nie in der freien Landschaft, und da es, seit das neueste

Umweltbewusstsein grassiert, auch kaum noch Schuttplätze oder wilde Müllkippen gibt, findet man sie auch dort, wo sie nach Angabe der Kräuterbücher natürlicherweise Vorkommen, inzwischen nicht mehr.

Im Gegenteil, inzwischen hat sich das Blatt so sehr gewendet, dass Arnfrid Astei, der naturforschende Poet, berichten kann, heutzutage seien größere Vorkommen von Bilsenkraut in der freien Landschaft für volkskundliche Archäologen ein Indiz für historische Wohn- oder Schuttplätze und Anlass genug, dort Grabungen niederzubringen.

Es gibt also ganz unbestreitbar eine Wechselbeziehung von ungeklärter Art zwischen den Giftpflanzen und menschlichen Wohnstätten, was durch meine eigene Beobachtung unterstützt wird, nach der alles, was sich von den erwähnten Giftpflanzen im »wilden« Teil unseres Gartens entwickelt, relativ klein und unscheinbar bleibt, während die im Gemüsegarten aufkommenden Stechäpfel und Bilsen sich zu beeindruckender Größe und Gestalt entwickeln, die sich mit Fleiß den Anschein geben, selber Gemüse und Salate zu sein.

Die drei Mandragorawurzeln, die ich im letzten Jahr bekommen habe, gedeihen auch, obwohl sie jetzt schon zum zweiten Mal verpflanzt worden sind. Zuerst an die Südwand, gleichsam zum Parken, weil ich nicht wusste, wohin mit ihnen. Im späten Frühjahr hab ich sie dann an einen tiefgründigen sandigen Platz gestellt, wo sie prompt anfingen zu kränkeln und zu welken. Gießen half nichts. Nachdem sie im Frühherbst schon fast verschwunden waren, hab ich sie dann an den Parkplatz zurückgesetzt.

Vor wenigen Tagen nun in diesem unsäglich warmen Winter hab ich entdeckt, dass sie alle drei wieder treiben, und heut kommt A. und sagt mir, dass sie blühen. Die Blüten der Mandragora haben eine gewisse Ähnlichkeit mit den Blüten der Belladonna und auch mit denen der Bilse. Auf eine seltsame Weise gleicht die blühende Mandragora einer bis auf die Blüten in die Wurzeln gezogenen Tollkirsche.

Dieselbe Beobachtung finde ich heute in der *Heilpflanzenkunde* von Pelikan. Überhaupt ist dies unter allen mir bekannten Pflanzenbüchern das einzige, das sich über Mandragora und Alraune auslässt. Und da steht dann, dass das Frühjahr die Blütezeit der Alraune ist und dass sie im Sommer vertrocknet. Also war, was im vorigen Sommer mit ihr passiert ist, ganz nach der Regel.

Die Mandragora will anscheinend einen schweren feuchten Boden und nicht einen leichten sandigen, wie ich glaubte. Vielleicht ist also der Platz an der Südwand gar nicht so schlecht für sie. Nur dürfte der Weg nicht so nah an ihr vorbeiführen, wie es der Fall ist.

Wozu eigentlich braucht es hier die Alraune? In allen Büchern, die sie überhaupt erwähnen, ist übereinstimmend von ihrem unheilstiftenden Ruf die Rede. Im Mittelalter hieß es von ihr unter anderem, sie wachse nur unterm Galgen, und zwar aus dem Samen der Gehenkten. Dennoch oder vielleicht auch gerade darum hat sie eine seltsame Anziehungskraft. Es ist, als wolle sie sich an mich hängen. Wie ein Egel, der sich auf die Seele legt als ein Krebs und von irgendwo außen kommt.

Um viele der heimischen Giftpflanzen (besonders aber um die Nachtschatten unter ihnen) ist eine bedrohliche Aura, von düsterer Schönheit (wie die der gelblich blass violetten Blütenkelche der Tollkirsche, die, wer nicht geradezu nach ihnen Ausschau hält, leicht übersieht; die Belladonna oder Tollkirsche ist ein niedriger, sich jedes Jahr neu aus dem Boden entwickelnder weitverzweigter Busch, aus dessen unscheinbaren Blüten im Spätsommer saftig schwarze, fast kirschgroße und sehr verlockend aussehende Beeren von großer Giftigkeit entstehen), die sich jedermann unmittelbar mitteilt, der sich ihnen nähert, eine seltsame Faszination, die ganz sicher nicht allein aus dem Wissen um ihre Besonderheit kommt.

(Beim Wermut, der eigentlich nicht zu den Giftpflanzen, sondern zu den Würzpflanzen gehört, obwohl er, überdosiert, durchaus toxisch wirkt, wenn auch nicht gleich tödlich, ist es ähnlich: Seine Bitterkeit umgibt ihn geradezu atmosphärisch.) Sie funktioniert wie das Knurren und Zähnezeigen eines Hundes, womit er droht, bevor er beißt. Die menschliche Naturferne ist soweit gediehen, dass die Drohungen nicht mehr gehört, jedenfalls oft nicht mehr verstanden werden.

Das Geschrei ist dann groß, wenn wieder mal ein Hund ein Kind totgebissen hat. Der Hund wird getötet, und der Fall ist damit erledigt. Als sei der Hund an allem schuld und nicht etwa dessen Halter. Könnte es aber nicht auch so sein, dass heutzutage hierzulande schon die Kinder auf eine absurde und geradezu lächerliche Weise denaturiert und in Sicherheit gewiegt werden, bis ihnen die Drohung im Knurren eines Hundes, die sich normalerweise jedem Lebewesen in ihrer Bedeutung unmittelbar mitteilt, schlichtweg entgeht, weil sie von Drohung und Gefahr nichts wissen, und sie wohl gar, vergnügt kreischend, nach dem Tier tatschen als wär's eins von Steiff?

Um Missverständnissen vorzubeugen: Ich plädiere hier nicht dafür, dass Hunde kleine Kinder totbeißen dürfen. Wohl aber halte ich es für eine verhängnisvolle Entwicklung, kleinen Kindern das Bild einer Welt zu vermitteln, in der ihnen Gefahren höchstens vom Straßenverkehr drohen, als sei die restliche Welt tatsächlich bereits jener Garten des Menschlichen, auf den es im Grunde mit der Zivilisation abgesehen ist. Als wäre der Garten eine Insel des Friedens! Und als wäre Frieden, nämlich eine Lage, wo einer den andern lässt, überhaupt eine Möglichkeit auf Erden, es sei denn eine unter Menschen, vermittels Gewalt garantiert.

Es gibt diese rauhhaarigen Kletterpflanzen, die sich an ihre Stütz- und Wirtspflanzen hängen, als blieben sie an ihnen kleben. Eine Art Labkraut (»Klettenlabkraut«), das sich gleich mit seinem ersten Wachstum auf die Suche nach einem Wirt macht, der aufrecht steht oder senkrecht herabhängt, um an seiner Vertikalen teilzuhaben, die aus eigener Kraft zu errichten, es innerlich nicht gerüstet ist. Haben seine Ranken eine geeignete Wirtspflanze gefunden, gewöhnlich eine Staude oder ein kleineres Gebüsch, beginnen sie, an seinen Asten und Verzweigungen aufwärts zu klimmen und seine Krone, sofern er eine bildet, innerlich auszufüllen. Das Klettenlabkraut, sich der Stabilität seiner Wirtspflanze bedienend, wird dick wie ein Baumstamm und wirkt auch so (ohne allerdings dessen Dichte und Höhe zu erreichen), ein räumlich sich entwickelndes Gerüst aus dünnen, weichen und sehr zähen Ranken, die sich und ihren Wirt vielfältig durchwachsen und verschlingen und die durch ihre klettenartige Behaarung unentwirrbar aneinander hängen. (Es ist nahezu unmöglich, eine einzelne Ranke aus diesem Dickicht unbeschädigt herauszulösen.) Zuletzt haben sich die Verhältnisse umgekehrt, und das Klettenlabkraut hält dann mehr ihn, den Wirt, ausgelutscht und ausgelaugt bis zum trockenen reisigen Gestrüpp, aufrecht, indem es sich nun selbst aufrecht hält, anstatt dass er es aufrecht hielte.

Das Geißblatt, an dem es sich emporgerankt hat, wird allerdings eingehen, wenn ich es nicht rechtzeitig von dem ungebetenen Gast befreie. Es ist selber von dieser Art, ist selbst ein Schmarotzer, der sich zu seinem eigenen Gedeihen der Hilfe anderer bedienen muss und diese unter Umständen dabei umbringt. So würde also das Geißblatt an demselben Prinzip zugrunde gehen, dem es sein Dasein verdankt, nämlich am Prinzip des Parasitären, das immer nur nimmt, ohne zu geben. Und dem Klettenlabkraut ginge es ebenso, wäre es nicht eine einjährige Pflanze, die nach dem Durchlaufen einer einzigen Vegetationsperiode ohnehin stirbt. Ihre Früchte aber, grün und unscheinbar, fallen entweder zu Boden, wo sie im nächsten Frühjahr sämtlich keimen und als rankendes Gewächs sich gewissermaßen zu Fuß auf den Weg machen, um die Gegend für sich zu erschließen, oder sie hängen sich wie die echten Kletten kleinen Säugetieren, die durchs Gestrüpp kriechen, ins Fell und lassen sich von ihnen irgendwohin tragen, wo sie zu Boden fallen und keimen oder gleich vergehen.

(Übrigens sind die Früchte der Hundszunge – Cynoglossum officinalis – ähnlich klettenartig gebildet, was sich der Biogärtner zur Bekämpfung der Wühlmäuse zunutze macht. Diese Früchte, in die Wühlmausgänge gelegt, hängen sich den Mäusen ins Fell, was diesen äußerst unangenehm ist, da sie sich nur sehr schwer wieder herauslösen. Bei ihren Versuchen, sich davon wieder zu befreien, werden sie durchs gesamte Revier verschleppt, so dass die Hundszungen sich gerade in den Wühlmausgängen ansiedeln. Dies wiederum vermehrt die Zahl der herumliegenden unangenehmen Früchte in einem Maße, dass das Revier für die Wühlmäuse schließlich unbewohnbar und von ihnen verlassen wird.)

Als wären die Augen mein Ausgang, blicke ich durch sie hindurch aus mir hinaus wie durchs Fenster hinaus in den Garten und auf dem Rauch in ihn hinein, der sich meilenweit nach Nordwest vor mir erstreckt. Für einen Garten ist Nordwest die denkbar ungünstigste Richtung, zumal in dieser Gegend, einem flachen weiten Tiefland, das sich irgendwo am Horizont in die Nordsee zu verlieren scheint, ins Meer, wo das Wasser nicht allein von oben kommt, sondern auch von unten – und eigentlich aus sämtlichen Richtungen gleichzeitig. Und wenn einer als Mensch überhaupt hier leben kann, dann liegt das einzig daran, dass es eben nicht aus sämtlichen Richtungen zugleich kommt und steht, sondern sich von hier nach da bewegt und man als Mensch zwischendurch huscht, mitläuft, während von oben, von unten, von allen Seiten und aus allen Dingen, geströmt, geschwitzt, Wasser kommt. Dagegen stehen in diesem Land seit Jahrhunderten zum einen der Deichbau (gegen das Wasser von vorn) und zum anderen die Entwässerung (des Wassers von unten und von oben). Das funktioniert perfekt. Dennoch, irgendwo tröpfelt es immer, und sei es nur der Wasserhahn in der Küche.

So bin ich, oft ohne das Haus zu verlassen, im Garten unterwegs, wo ich lebe und lebe. Und niemals werde ich die Tränen vergessen, die A. geweint hat, aus echtem Wasser, als Quelle, mitten auf der Wiese, die Nachbar Rudolf, um uns einen Gefallen zu tun, in unserer Abwesenheit gemäht hat, nicht ahnend, dass sie absichtlich ungemäht geblieben war, weil wir im Frühjahr, in der Hoffnung, dermal einst in ihrem betäubenden Duft gleichsam baden zu können, eine große Zahl Eiben und Geißblattranken dorthin gepflanzt hatten, wo sie inzwischen im Gras untergegangen waren. Alles niedergemacht. Da stand A. auf ihrer gemähten Wiese, stumm, und dicke Tränen kullerten ihr über die Backen.

Und dann die Kletterrosen, die sie seit Jahren an den verschiedensten Plätzen am Haus und im Garten hochzubekommen versuchte, ohne dass es ihr gelungen wäre, weil sich immer wieder irgendwelche Unglücksfälle ereigneten, denen sie zum Opfer fielen. Zuletzt war nur eine einzige übrig geblieben; die stand unter der Pergola und schien dort zu gedeihen. Doch einmal, als ich, um das Luftgewehr zu entladen, blindlings in die Gegend hielt und abdrückte, knickte in fünfzehn Meter Entfernung der Haupttrieb der letzten Kletterrose langsam um. Daraufhin ist auch diese eingegangen.

Da hat sie aber gelacht.

Gelacht hat A. auch, obschon anders, als klar geworden war, dass wir in einem Schlangenhaus wohnen. Gesehen hatten wir beide die Schlange schon im Sommer letzten Jahres, wie sie durch das kleine vergitterte Luftloch im Haus verschwunden war. Doch erst nachdem wir sie (oder eine andere) in diesem Sommer am selben Ort wieder gesehen haben, sind wir sicher, dass ihr Haus ein Unterschlupf für Schlangen ist.

Schlangen haben einen Ruch von Heiligkeit. Sie sind, auch ihrer Gestalt wegen, besondere Tiere, nämlich Wesen. In Mythen und Märchen, in den ältesten Überlieferungen also, erscheinen sie auf seltsam widersprüchliche Weise den Menschen zugeordnet, als Widerpart und heimliche Verwandtschaft. Selbst in unsern aufgeklärten Zeiten und Gegenden, wo es kaum noch welche gibt, erregen sie den atavistischen Widerwillen der Zeitgenossen und den Wunsch zu töten. Ich habe mit eigenen Augen gesehen, wie ein entgegenkommender Autofahrer eigens ein riskantes Lenkmanöver unternahm, um eine die Straße überquerende Schlange zu überfahren. Ich hätte mich von Herzen gefreut, wenn dies Manöver, was leicht möglich gewesen wäre, für ihn an einem Straßenbaum geendet haben würde, und noch in diesen entgegengesetzten Reaktionen zeigt sich, wie mir scheint, die Ambivalenz und die Zweideutigkeit der Beziehung zwischen Mensch und Schlange.

Normalerweise zeigen Schlangen sich nicht. Es sind heimliche Tiere, die sich vor den herannahenden Erschütterungen des ungeschlacht menschlichen Auftretens verbergen. Man ahnt ihre Anwesenheit mehr als dass man sie mit Bestimmtheit wüsste, weil man sie höchstens einmal und dann nur kurz, selbst überrascht, am Rand aus dem Blickfeld wegzucken sieht und den eigenen Augen nicht recht traut, weil dies genau das war, was man sich immer schon gewünscht hat. Nun isses passiert, aber man glaubt's nich. Schlangen, hier! Die ihnen eigene Heimlichkeit bewirkt, dass sie den Menschen – außer manchen – unheimlich sind, und selbst der Versicherung ihrer vollkommenen Harmlosigkeit haftet etwas von dem Verdacht der Falschheit an, die mythischerseits der Schlange nachgesagt wird.

Auf jeden Fall, nicht nur die Schlange selbst ist besonders, auch der Platz ist besonders, wo sie sich aufhält. Narachan, Schlangenplatz, wie er angeblich bei irgendwelchen alten Kelten, von denen Genaueres nicht bekannt ist, hieß. Es ist der Ort, wo die Welt sich rundet, an ihren Ausgangspunkt zurückkehrt. Auch wenn noch nie eine Schlange jemals ihr eigenes Schwanzende ins Maul genommen haben sollte (und warum hätte sie sollen gesollt?), möglich war es ihr mit Leichtigkeit gewesen. Und dann bildete ihr Körper den Kreis, der den Weltkreis symbolisiert. Dies verdankt sie nicht allein ihrer einzigartigen Gelenkigkeit, sondern auch ihrer speziellen Körpergestalt: wie ein Strich – um die Erde, die sich rundet.

Dass sich in unserm Garten Schlangen eingefunden haben, nehmen wir natürlich als Vertrauensbeweis, als Bestätigung, dass wir auf dem richtigen Weg sind. In unseren Breiten kommen ohnehin natürlicherweise nur zwei Arten von Schlangen vor, die Kreuzotter, die in Moor und Heide lebt und deren Biss giftig ist, und die ungiftige Ringelnatter, die wesentlich größer wird als die Kreuzotter und weniger empfindlich gegen die Nähe von Menschen ist als diese. Was uns bisher an Schlangen hier begegnet ist, waren sämtlich Ringelnattern (mit den zwei charakteristischen gelben Flecken am Hinterkopf, die sie in den Ruf gebracht haben, ein goldenes Krönchen zu tragen) – in allen Größen vom circa 15 cm langen Jungtier bis zur wohl einen Meter langen ausgewachsenen Schlange.

Als A. zum ersten Male im verwildernden Teil des Gartens eine Schlange gesichtet hatte, kam sie voller Aufregung fast über die eigenen Füße stolpernd, flügelschlagend und mit den Armen rudernd rufend herbeigerannt: »Komm schnell, komm schnell, da ist ein Schlänglein.«

Ich neige in solchen Fällen zu mehr Gelassenheit und vermutete, die Schlange werde, mit solchem Lärm angekündigt, über alle Berge sein, wenn wir ankommen. Und so war es auch.

Immerhin wussten wir jetzt, dass sich im hohen Gras mindestens eine Schlange aufhielt. Und gelegentlich bekamen wir auch kurz zu Gesicht, was vielleicht sie gewesen war, wie es gerade noch rechtzeitig, um nicht betrachtet werden zu können, als dunkler Blitz im hohen Gras verschwand.

Ich überraschte meine erste Ringelnatter am Kompostplatz, wo sie sich frühmorgens gesonnt hatte. Sie war allzu winzig, um rasch in irgendeiner Deckung verschwinden zu können. So blieb sie liegen, wo sie war, und züngelte gegen mich, der ich mich niedergehockt hatte, um sie anzusehen. Unverkennbar die beiden winzigen gelben Schädelflecken. Und sie hatte tatsächlich eine gespaltene Zunge, die aus dem Maul hervorzuckte und sich rasch hin und her bewegte. Die beiden Spitzen der Zunge erinnerten mich stark an die Fühler mancher Insekten, mit denen diese, sie unablässig rotieren lassend, ihren Weg auf etwaige Hindernisse hin abzutasten scheinen; sie waren fadendünn, und etwas Bedrohliches schien davon auszugehen. Als seien sie so etwas wie bewegliche Zähne, dazu gemacht, einen eventuellen Feind, der jedermann aus dem Samen des Weibes sein kann, wie es in der Bibel heißt, damit in die Ferse zu stechen. Mein Schlänglein allerdings rührte sich nicht vom Fleck, züngelte bloß gegen mich. Schließlich ließ ich es allein, und als ich nach einiger Zeit noch einmal nachschauen kam, war es verschwunden.

Bei anderer Gelegenheit trafen wir eine mittelgroße Natter von vielleicht 50 cm Länge bei unserem eigenen Sonnenplatz an, der ihr offenbar ebenfalls zusagte. Sie kümmerte sich aber gar nicht um uns beiden Menschen, die auf sie herabsahen. Vielmehr stand sie, den Vorderteil ihres Leibes vom Boden erhoben, wie man es von Kobras gehört hat, und züngelnd hin und her wiegend schien sie die Katze zu fixieren, die wohl zwei Meter vor ihr lag. Nun sollen Katzen ja ebenfalls heilige Tiere sein, so dass dies spannend zu werden versprach. Man konnte nicht sagen, ob die Katze sich bedroht fühlte oder ob sie die Schlange überhaupt zur Kenntnis nahm. Jedenfalls ging sie nach einer gewissen Zeit umstandslos weg. Daraufhin beruhigte sich die Schlange, senkte ihren Vorderleib zu Boden und glitt geradeaus über den Platz hinweg, wo eben noch die Katze gelegen hatte, ins Gebüsch. Sie glitt tatsächlich. Ich hatte so etwas noch nie gesehen und war sehr beeindruckt. Sie bewegte sich nicht etwa auf die Weise, die man als Schlängeln oder Ringeln bezeichnen kann, sondern sie glitt ohne irgendeine sichtbare Bewegung des Körpers geradeaus. Sowas müsste man als Wirbelsäule haben, meinte A. bewundernd.

Die größte von all diesen Nattern überraschte ich schließlich auf der gepflasterten Terrasse an der Südseite des Hauses. Ich war ebenso wenig auf sie gefasst gewesen wie sie auf mich. Wir müssen uns, beide von dem plötzlichen Auftauchen des Anderen erschreckt, im selben Augenblick wahrgenommen haben, und als sie, ehe ich überhaupt irgendwie reagieren konnte, blitzschnell davonhuschte, um zwischen den Eisenstäben des kleinen Luftlochs im Fundament des Hauses (das zu dem Zweck angebracht worden ist, um genau dies zu verhindern, dass sich nämlich Schlangen und derlei ungehöriges Gewürm, das einen anständigen Menschen nicht ruhig schlafen lässt, unterm Fußboden einnisten) zu verschwinden, da fand sie in der Eile nicht das einzig richtige Loch, das offenbar breit genug war, um sie durchzulassen. Die ganze Schlange schien sich plötzlich vor dem Gitter zu stauen, in Windungen, die sich auf der Stelle bewegten, bloß das Ende des Körpers peitschte lose hin und her. Suchend bewegte sich der Kopf vor dem Gitter, fand endlich die richtige Öffnung, und in Sekundenschnelle war das Tier im Haus verschwunden, die kurze Dramatik des Geschehens meinen Augen überlassend, die den jetzt leeren Platz, als könnten sie es aus eigener Kraft wiederholen, nach weiteren Schlangen absuchten.

Seither ist die Südterrasse für Menschen verboten, um die Schlange unterm Haus nicht zu beunruhigen. Zwar steckt A. ab und an noch den Kopf aus dem Badezimmerfenster, unter dem der Schlangenplatz liegt, doch wir haben festgestellt, dass die Schlange sich niemals blicken lässt, wenn man nach ihr Ausschau hält. Auch hier bekommt man sie nur dann zu Gesicht, wenn sie sich überraschen lässt und ein anthrazitfarbenes Zucken am Rande einem verrät, dass sie soeben verschwunden ist.

Mit sehr großen Bedenken wegen der möglichen Beunruhigung und Vergrämung der Schlangen (es hatte sich nämlich gezeigt, dass sich ein Schlangennest unter dem Haus befinden muss: Sowohl A. wie auch ich hatten an dieser Stelle ein ganzes Knäuel von größeren und kleineren Schlangen gesehen, mit den Augen unentwirrbar und teilweise unter der Bodenbedeckung verborgen, das sich um sich selber wälzte) haben wir uns, als der Umbau des Hauses anstand, an den Abriss der Südwand gewagt. Ich habe dann bei der Gelegenheit auch gleich die großen Betonplatten der Terrasse aufgenommen, um den Platz wieder bewachsen zu lassen und den Schlangen mehr Deckung zu verschaffen.

Inzwischen ist sicher, dass sie noch immer hier leben. Gestern Nachmittag sah ich von meinem Platz am Schreibtisch aus eine relativ große Ringelnatter unter der Linde durchs Gras gleiten. Als fühle sie sich von meinen Blicken belästigt, suchte sie mit mäßiger Eile das Weite.

Unserer Freude über das Vorhandensein von Schlangen an unserm Platz ist eine Spur von Stolz darüber beigemischt, dass es uns gelungen ist, praktisch mitten im Dorf einen solchen Platz herzustellen (wenn es auch aus der Sicht der Vorbesitzer wie ein äußerstes Verkommenlassen aussehen mag). Es sind mehrere Zweck-Bestimmungen für ein Leben auf dem Lande vorstellbar. Darunter die, das Land, den Platz an die Natur zurückzugeben, als Raum, in den sie sich erneut ergießt, unter der Bedingung, dass wir bleiben können.

Die Menschen, die mit einem Äußersten an Selbstbewusstsein ihr Stück Land bestellen, ahnen gewöhnlich nicht, dass oder gar wie ihre der Natur auferlegte Ordnung selber auch wieder Natur enthält. Das ist auch gar nicht anders möglich; denn es gibt bloß Natur. Es gibt eine wilde, natürliche Natur, die ihre Regeln selber setzt, und es gibt eine gezähmte, geschundene, getretene Natur, die in menschliche Dienste genommen ist und menschlich eigennützigen, vernunftgeprägten Regeln folgt wie beispielsweise im Verkehr. Jeder Verkehrsunfall aber zeigt, dass der vermeintlich vernunftorientierten Ordnung die alten wilden Naturkräfte zugrunde liegen, die bei erster Gelegenheit hervorzubrechen und jede Ordnung zu zerschlagen drohen. Es gibt kein Entkommen.

Je weiter sich der Mensch mittels Technik und Zivilisation (die ja nichts weiter sind als in Dienst genommene Natur) aus Wildnis und Natur zu entfernen glaubt, umso stärker fällt er ihnen anheim, und zwar gerade ihren zerstörerischen Tendenzen. Die zurückgedrängte, gezähmte und vernichtete Wildnis nistet sich untergründig und wenig sichtbar, aber umso verderblicher in die Vorkehrungen ein, die zu ihrer Verdrängung und Unterdrückung getroffen werden. Dies beweisen nicht bloß Deich- und Dammbrüche, Flugzeugabstürze und allerlei Gasexplosionen, es zeigt sich auch, wenngleich weniger unmittelbar, an so segensreichen Entwicklungen wie beispielsweise der Hygiene, die zu einer derartig gewaltigen Zunahme an Menschen geführt hat, dass durch sie dem Biosystem der Erde inzwischen der Kollaps droht. Und es zeigt sich früher oder später, aber immer wieder auch in Gärtnerei und Landwirtschaft.

Das übertriebene menschliche Selbstbewusstsein hieß bei den Alten Hybris und war nach Auskunft ihrer Dichter oft Anlass für den Zorn der Götter, der den Übermütigen zerschmetterte und der Welt bewies, was er in Wahrheit war, nämlich nichts. Daran, so scheint mir, hat sich seither nichts geändert, es sei denn vielleicht die Terminologie und die sie tragende Weltanschauung. Eingeholt, eingehüllt vom Wetter, vom Winde, stolpert die Menschheit, die mit einem Äußersten an Selbstbewusstsein ihr Stück Land bestellt, zwischen den Kräften der Erde mit, spielt sie das Spiel: Alles ist meins.

Alles ist für uns in diesem Spiel. Das gilt für jeden, der mitmacht. Darunter vor allem die Menschen. Jedem gebührt alles. So bleibt es in Bewegung, und keiner hat es je. Wenn aber alle nach demselben greifen, dann kriegt das Ganze allmählich einen bestimmten Drall oder Spin, und die Sache ist gelaufen. Was heutzutage für die Wirklichkeit gehalten wird, das ist die sogenannte Realität.

Wenn ich also will, dass die kahle Stelle auf dem Hof, die in der feuchten Jahreszeit durchs Befahren mit den Autos immer wieder aufgeweicht und aufgewühlt wird, so dass der Sommer kaum ausreicht, um eine neue Vegetationsdecke zu bilden, eine neue Vegetationsdecke bilden und endlich Zuwachsen soll, dann muss ich dahin nicht Gras säen, sondern Breitwegerich. Das weiß ich daher, dass ich gesehen habe, wie genau an der Stelle, wo ich seit Jahren vergeblich Gras wachsen zu lassen versuche, sich inzwischen ganz von selber Breitwegerich anzusiedeln beginnt, während Gras und Klee nur Drumherum zu stehen scheinen, gleichsam als Zuschauer, und ich dabei bin, mit dem Schlauch diese Stelle zu wässern.

Das kann ich mir aber auch schenken. Es sei denn, ich erließe für den Hof ein Autoverbot, das auch unsere beiden eigenen Autos einschlösse. Dies ist nämlich der wunde Punkt des Hofes, wo sämtliche Autos, die ihn befahren, ob sie nun um die Hausecke nach links biegen oder sich weiter geradeaus halten, einander die Hand geben. Oder die Reifen. Mit einem seiner Räder fährt jeder Wagen über diese Stelle. Manche auch mit zweien. Und zurück auch wieder. Das hält die dünne Krume nicht lange aus. Sie wird weich, und die jungen Graswurzeln werden von den Reifen zu Mus zerquetscht.

In manchen Nebelnächten wird sogar die Stromleitung mit ihren Masten und Drähten, die den Garten überquert, zu einem Wesen, das ihn belebt, besonders, wenn dazu ein leichter Wind geht und mit den Drähten leise heult.

Es gibt bei der Bodenbearbeitung im Garten eine Art des Hackens, die nur den einen Zweck hat, keinerlei Wachstum aufkommen zu lassen. Wo immer ein Fleckchen Grün sich zeigt, da langt die Hacke hin und reißt es aus oder schneidet es ab. Da liegt es dann, wird welk und trocken und ist bald verschwunden, vom Boden zurückgenommen, der es gerade erst herausgetrieben hatte. Je nach dem Zustand der zu bearbeitenden Flächen kann diese Arbeit ein Kinderspiel sein oder die zermürbende Plackerei, die wir der biblischen Verfluchung des Ackers zu danken haben: »Dornen und Disteln soll er dir tragen«. Die Dornen halten sich hierzulande ja in Grenzen, doch zu den Disteln wäre zu sagen, dass das Abhacken nutzlos ist, weil sie raschestens wieder nachwachsen, was übrigens auch für manches andere Kräutlein mit Pfahlwurzel gilt und bei der Arbeit zu mancherlei Nachdenklichkeit Veranlassung gibt.

Denn das Hacken im Garten, damit nichts wachse, ist wie das Zusammenfegen der Blätter, damit der Wind hineinfahre, um sie zu zerstreuen. Eine meditative Tätigkeit, die keinem Zweck dient, sondern selber Zweck ist. Die Niederhaltung des Unkrauts ist keineswegs der Zweck des Hackens, sondern seine Folge. Sie fällt dabei ab. Dennoch ist sie das Maß der Versenkung.

Wenn ich meinen Blick nach innen wende, dann ist da ein Loch, genau so tief wie draußen. Dieses Loch ist das Universum, das mich voll und ganz erfüllt. Es geht als Strahlenfluss durch mich hindurch. Wirkt in mir als Kraft. Bildet ein Feld. Es ist ein Teil von mir, und ich bin ein Teil von ihm. Wir gehören zusammen, sind eines: ein Schuss wie ein Funke.

Alle Zeit wirft der Himmel Hagelschauer übers Land. Es prasselt gegen das Fenster, als würde es gleich die Scheiben zertrümmern. Weit und breit kein Mensch in Sicht, was bei diesem Wetter verständlich ist. Ein Mensch, da draußen zu Fuß unterwegs, würde nicht weit kommen. Schutzlos, preisgegeben, fast nackt, in all dem Wasser, das den Boden rasch unpassierbar macht, glitschig, tiefgründig und an den Sohlen kleben bleibend; dazu Sturm und Hagel im Gesicht, taumelnd unter der Gewalt des Wetters in schwarzer Nacht, in der jeder Weg sich verliert.

Wie es in der Ortschronik heißt: »Jürgen Rateke, Besitzer der damals südlichsten Wohnstelle am (Stinstedter) See, fuhr am 22. Dezember 1786 mit seinem Kahn Torf nach Otterndorf. Spät in der Nacht kam er zurück. Weil er aber wegen des starken Sturmes mit dem Schiff sein Haus nicht erreichen konnte, machte er sein Fahrzeug am Göschedeich fest und machte sich nun auf dem Hoxdammer Deich auf den Heimweg. Dabei ist der Mann in das sogenannte Stinstedter Wilde Moor abgeirrt und hier völlig müde und ermattet im Morast gestorben. Erst nach einem Jahre hat man seine Leiche aufgefunden.« (J. Vollmer, zit. nach Grupe, Chronik von Odisheim Land Hadeln, uv. In: *FALK 31*: Bioregion Sietland, 1986.)

Heutzutage sind die Wege befestigt, die Menschen sind mit Autos unterwegs, und obwohl das Wetter ebenso wild wüten kann wie eh und je, wird seine Gewalt in aller Regel an den menschlichen Vorkehrungen gebrochen. Straßen und Verkehrsmittel wirken wie eine Ausdehnung menschlicher Ordnungsbestrebungen gegen die wilde Natur hin und lassen sich gewissermaßen als flexible Schutzzonen im Unwegsamen, Ungebändigten auffassen, gleichsam als Reservat oder als Garten, in dessen Grenzen das Menschliche gegen die Unbilden der Natur – von Extremfällen abgesehen – einigermaßen gesichert und bewahrt erscheint.

Dass mein Garten ein wildes Wesen sei, ist also eine Feststellung, die sich selbst widerspricht; denn ein Garten ist wesentlich eben nicht wild, sondern gezähmt und gezogen, gehegt und gepflegt. Nicht gepflegt, vernachlässigt, ist er allerdings bald dabei zu verwildern. Doch die richtige Wildheit kriegt er nie wieder hin, es sei denn, auch in der näheren und ferneren Umgebung bleibe alles Wachstum künftig sich selbst überlassen. Das wiederum setzt voraus, dass erst einmal die Menschen aus der Gegend verschwinden.

Doch damit ist vorerst hier wohl nicht zu rechnen.

Der Ort, an dem ich mich jetzt gerade aufhalte, dieser Garten, ist nicht der Platz, den ich mir gesucht habe, ausgesucht. Oder vielleicht doch? Jedenfalls habe ich ihn mir erschaffen. Oft genug, ohne zu wissen wie. Einfach gemacht und gewartet, was dabei herauskam. Zum Beispiel die Bäume. Im ›Herrn der Ringe‹ gibt es eine Figur, die ›Hüter der Bäume‹ genannt wird. Mit dieser Rolle habe ich mich gern identifiziert in diesem extrem waldarmen Landstrich auf meinem extrem baumarmen Grundstück, empfunden.

Schon bald nach meiner Ankunft, noch ehe ich begriffen hatte, dass die altansässigen Bäume wie Eschen, Ahorne, Erlen und die eine Eiche sich selber vermehrten, habe ich damit angefangen, auf meinem Grundstück Bäume zu pflanzen. Bäume aller Art (das war, bevor ich etwas über den Zusammenhang von Klima, Boden und dem Wachstum oder Kümmern ganz bestimmter Pflanzen wusste) und nach Möglichkeit an den Rand, um einen Sichtschutz nach außen zu gewinnen, eine grüne Wand (anstelle einer Mauer aus Stein und Zement, die ich mir eigentlich gewünscht hätte, hier aber nicht bauen konnte – aus vielerlei Gründen, die darzustellen, hier wohl nicht der Ort ist). Hätte ich das Grundstück, das nach allen vier Seiten von Entwässerungsgräben begrenzt wurde, durch einen lebenden Zaun eingefriedet und das Innere sich selbst überlassen, so wäre eine sehr langwierige und langweilige, auch sehr langsame Entwicklung in Gang gekommen, und so viel Zeit hatte ich nicht. Wollte ich zu meinen Lebzeiten von diesem Garten noch etwas haben, blieb mir nichts anderes übrig, als ihn zu machen, so gut es eben ging. Ein Ende war dabei nicht abzusehen. Der Garten, den ich anlegte, konnte niemals fertig werden, er war es schon. Und mein Problem bei diesem Buch war, dies zu begreifen. Zu bemerken, anzufassen.

Jeder Baum und jedes Bäumchen in diesem Garten hat seine persönliche Geschichte, die erzählt werden könnte. Die Birke Margit tanzte hier nicht mal einen Sommer. Sie war sehr schön und dünn und luftig. Und sie verlor all ihren Atem. Sie trocknete sehr schnell aus, und ihr Tanzen wurde zusehends hölzern. Und dann, beim nächsten besseren Windstoß, ist sie abgebrochen. Auch bestimmte Plätze auf diesem Gelände, das entstanden ist, bestimmte Stellen, haben ihre persönliche Geschichte, die in dem »das entstanden ist« steckt. Geschichte. Geschichte in der Geschichte. Die Tiere haben ihre Geschichte, die Pflanzen. Sie alle könnten in diesem Zusammenhang erzählt werden.

Wir hatten zweimal den Kartoffelkäfer in den Kartoffeln. Beim ersten Mal hatten wir noch keine Ahnung von gar nichts und ließen uns zu seiner Abwehr das reine Gift (ein weißes Pulver, durch einen Damenstrumpf geschüttelt und verstäubt) anschnacken. Und alles, aber wirklich alles, was sechs Beine hatte und in den Kartoffeln herumwuselte, fiel auf der Stelle tot um. Ich selbst konnte mich nur mit knapper Not aus dem Kartoffeläckerchen retten.

Immerhin, im Herbst hatten wir Kartoffeln zu ernten.

Später erfuhr ich dann, dass der Kartoffelkäfer eigentlich Coloradokäfer heißt und zusammen mit der Kartoffel selber eingeführt worden ist. Als er sich nach einigen Jahren wieder einmal auf unserm Kartoffelkraut zeigte, hatten sich die Verhältnisse auf unserm Grundstück wesentlich verändert. Es blieb bei den wenigen Tieren auf dem Kartoffelkraut, die mit der Hand abgesammelt werden konnten und insgesamt keinen Schaden anrichteten, und es wurde rasch deutlich, dass der Kartoffelkäfer gar nicht auf das Kartoffelkraut aus war, nach dem er heißt, sondern auf die Nachtschattenpflanze. Und da hier inzwischen eine Menge Bilsenkraut und Belladonna wuchs, suchte der Käfer vorwiegend diese Pflanzen heim, die ihm anscheinend lieber waren, und verschonte unsere Kartoffeln. Womit das Geheimnis mancher früheren Kartoffelkäferplagen gelüftet war. Da in unseren Regionen so gut wie alle Nachtschattengewächse wegen ihrer angeblichen Giftigkeit verfolgt und ausgerottet worden sind, blieb dem Coloradokäfer, wenn er sich einmal massenhaft vermehrte, nur das Kartoffelkraut als einzige nennenswerte Nachtschattenpflanze zur Nahrung.

Wir bekamen einmal einen schon alten Zedernwacholder geschenkt, der an seinem ersten Standort schief gewachsen war, nämlich weg von der Hauswand. Ich pflanzte ihn ins Nadelwäldchen zwischen die Fichten, was auch ein Fehler war, und entdeckte bald, dass der Wacholder einen Eschentrieb gefangen hielt (derlei ist in wacholderreichen Gegenden oft zu sehen, ein mehr oder weniger starker Eschenaustrieb, umklammert von einem Wacholder) und ihn zu ersticken drohte. Es war sehr mühsam und ging auch nicht ohne einige Gewalt ab, die kleine Esche aus dem Wacholder zu befreien. Was ich von ihrem Wurzelwerk herausbekam, war arg zerzaust und zerrupft. Dennoch pflanzte ich sie, wenn auch ohne große Hoffnung auf ihr Angehen, an einem ziemlich windigen Platz wieder ein. Dort hat sie viele Jahre gebraucht, um Fuß zu fassen. Doch inzwischen hat sie zu wachsen begonnen, wie eine Esche wächst, und ist dabei, ein Baum zu werden. Und der Wacholder scheint die Fichten, die ihn umgeben und alle Zeit die Nadeln verlieren, überleben zu wollen.

Seit mehr als fünfzehn Jahren pflanze ich auf unserm Grundstück Apfelbäume, ohne je von ihnen mehr als fünf Äpfel geerntet zu haben. Mit den Süßkirschen ist es ganz ähnlich. »Wenn du dich ärgern willst«, sagt eine hiesige Gartenregel, die mir von der Nachbarin überliefert wurde, »musst du dir einen Kirschbaum in den Garten stellen.« Sehr wahr!

Allerdings ärgere ich mich längst nicht mehr, sondern staune bloß, wie der Baum zusehends wächst. Inzwischen ist er zwanzig oder mehr Jahre alt (er stand vorher schon woanders und wir haben ihn mit hierher gebracht) und jedes Frühjahr voll in Blüte, trägt jedoch kaum Kirschen. Das kommt daher, dass es hier zur Zeit der Kirschblüte keine Bienen gibt, die ihn bestäuben. Dies wiederum hängt damit zusammen, dass die Imker ihre Völker um diese Zeit ins Alte Land transportieren, wo sie die Kirschenplantagen bestäuben sollen, wofür sie sich auch noch bezahlen lassen. Ich meine die Imker. Ich müsste also, wollte ich von meinem Kirschbaum Kirschen haben, entweder mit ihm zur Blütezeit ins Alte Land oder mir ein eigenes Bienenvolk halten. Zumal die Stare ja auch noch da sind, die sowieso jede Kirsche abreißen, die auch nur einen Anflug von Rötung zeigt. Oft picken sie auch nur die rote Stelle aus der Frucht heraus und lassen den Rest hängen, der sich nicht weiter entwickelt, sondern verdirbt. Inzwischen kaufen wir also unsere Kirschen von einer Frau aus dem Alten Land, die mit dem Auto herumfährt und sie bringt. Das geht auch.

In einem unserer ersten biologischen Gartenbücher (vielleicht war's auch in den ›Winken‹ der Abtei Fulda) lasen wir, man solle gegen die Stare Salzheringe in den Baum hängen. Das leuchtete mir ein, und so kaufte A. beim Fischmann an der Straße, der ebenfalls mit dem Auto herumfährt, sechs Salzheringe. Ich befestigte an ihren Schwänzen Wollfäden und hängte sie daran alle sechs gut verteilt in die Krone unseres großen Sauerkirschbaums. Und siehe da: keine Stare mehr im Baum oder wenigstens kaum welche. Doch siehe weiterhin da: Die von den Staren unbelästigten Kirschen wuchsen schlecht und reiften gar nicht. Sie trockneten ein, wurden runzlig und hart, blieben ungenießbar. Die Salzheringe, das wurde allmählich in der Krone sichtbar, hatten eine widrige Aura um sich, eine tödliche Hülle, die zwar von den Staren gemieden wurde, der aber Blätter und Früchte nicht ausweichen konnten. Die Salzheringe vernichteten die Ernte gründlicher als die Stare, die sie bloß gefressen hätten.

(28. April 1986 –)

Das Wort Nullpunkt für den Garten erhält durch die neuesten atomaren Ereignisse eine sonderliche Bedeutung, die ich zunächst nicht damit verbunden hatte. War mit dem Nullpunkt eigentlich der Punkt der sich kreuzenden Koordinaten der Welt gemeint, wo das ganz Große und das ganz Kleine einander berühren und wechselseitig aus einander hervorgehen, mein persönliches Weltzentrum, so hat die radioaktive Wolke diesem Sinn unversehens den plattesten Unsinn entbunden, der sich gerade noch denken lässt, dass nämlich an diesem Punkt die Welt für mich auf null gebracht worden wäre und ich für sie.

Die Schweine haben meinen Platz verstrahlt!

Ich brauche gar nicht mehr von der Welt zu reden. Es reicht, von diesem Platz zu sprechen, an dem ich lebe, wo ich durchs Gras krieche und mit den Händen in der Erde wühle. Wo die Pflanzen wachsen, die ich esse.

Die Schweine machen uns hier das Leben unmöglich.

Die Schweine!

Dass ich nicht lache. Die Schweine, das sind wir durchaus selber. Diese Suppe haben wir uns selber eingebröselt. Und jetzt löffeln wir sie eben aus.

Trotzdem! Die Schweine haben mir den Garten verstrahlt. Sie haben meinen Platz zerstört. Die frische, klare Luft dieser Tage, der warme Regen dieser Frühlingsabende, sie täuschen. Was sie aus dem Boden hervortreiben, es strahlt. Die Erde ist verseucht, und was sie künftig hervorbringen wird, wird ebenfalls strahlen.

Man sieht es nicht, man hört es nicht, man riecht und schmeckt es nicht und man spürt es auch nicht, jedenfalls nicht gleich. Aber man weiß, es ist da. Es ist allenthalben, wohin der Regen fällt, und von da breitet es sich auch dorthin aus, wohin er nicht gefallen ist, unter die Dächer und in den Erdboden. Man wird es nicht mehr los.

Wer es von sich abwäscht, schwemmt es ins Abwasser. Von da gelangt es in die Kläranlage und schließlich zurück ins Trinkwasser. Zuletzt ist es überall. Wir wissen, dass die Natur sich aus Kreisläufen aufbaut, die sämtlich ineinandergreifen und alles mit allem verbinden. Dahinein ist es jetzt geraten und kreist nun mit. Und strahlt.

Einiges von dem strahlenden Zeug wird sich in dreißigtausend Jahren um die Hälfte vermindert haben. Die andere Hälfte strahlt weiter.

Man kann sich nicht schützen. Das ist das Gute an der neuen Lage, dass es diesmal nicht bloß die Kleinen trifft, sondern unterschiedslos alle. Der Krebs ist demokratisch, und es macht Sinn, dass er sich gerade unter denen ausbreitet, die in diesen Zeiten sich selber krebsig wuchernd über den Erdball verbreiten und ihn mittels ihrer Zivilisation verwüsten.

Denn diese weiße Zivilisation mitsamt ihren Folgen ist der wahre Krebs auf Erden, und nur indem er die Menschheit erfasst, rottet er sich selber aus. Mit Tschernobyl ist für mich im Garten etwas zu Ende gegangen. Nämlich die Hoffnung auf eine andere Möglichkeit, auf ein Inseldasein, das die allgemeinen Trends umgeht und vermeidet. Und es zeigt sich einmal mehr, dass es kein Entkommen gibt.

Die Sonne scheint, der Regen fällt, der Wind weht, die Vögel singen, und alles wächst und dehnt sich. Dennoch ist es verderblich, mit bloßen Füßen durchs junge Gras zu gehen oder mit den Händen in der lockeren, warmen Erde zu wühlen. Die wohltätigen Wirkungen solcher Bewegungen und Verhaltensweisen sind neuerdings an schädliche gebunden, von denen Gefahr für Leib und Leben ausgeht. Und dabei sieht die Welt aus, als sei alles wie immer. Dabei ist alles anders. Doch davon merkten wir nichts und wüssten wir nichts, würde es uns nicht immer wieder gesagt. Und weil es immer wieder gesagt wird, bleibt uns nachgerade auch nichts anderes übrig, als es zu glauben.

Nichtsahnend ziehen sich die Stare, denen es natürlich nicht gesagt wird, aus dem frischen Grün der Wiese ihre nichtsahnenden Würmer und Larven und füttern damit ihre nichtsahnenden Jungen. Die Evolution ist keineswegs zu Ende, und zurzeit ist der Mensch dabei, an ihr ein bisschen zu drehen. Das könnte ihm schlecht bekommen; denn bisher hat sie noch jede Lebensform, die ihr Anpassungspotential ausgeschöpft hat, früher oder später als misslungenen Versuch wieder eingesammelt. Die Wahrscheinlichkeit, dass dies auch dem Menschen zustößt, wächst, und sie wächst solange, wie wir nicht das Dinosaurierhafte an uns und unserm Verhalten begreifen und ablegen.

Auffällig in diesen späten Mai-Tagen ist das häufige Erscheinen von Gänsen in Richtung Westen, nachdem sie erst im April, und zwar in Mengen, wie wir es noch nie beobachtet haben, nach Osten gezogen sind. Einen ganzen Tag lang war der Himmel immer wieder voll von den keilförmigen Trupps, in denen die Gänse ziehen. Oft waren es mehrere zugleich, Tausende von Tieren, deren heiseres Schreien von irgendwoher vernehmbar wird und allmählich anschwillt, bis es sich im Bild der langgezogenen, dreieckigen Schwärme materialisiert, die in beständigem, zielstrebigem Flug nach Osten wandern, wo ihr Geschrei langsam wieder verebbt, bis es sich zuletzt in der Ferne verliert. Es herrscht eine fortwährende Bewegung innerhalb solch eines Schwarms. Die Tiere tauschen permanent untereinander die Plätze aus, bleiben zurück, lassen sich überholen, suchen wieder Anschluss, und indem sich die Formation ständig auflöst und neu bildet, entwickelt der Schwarm bei aller Lockerheit seiner Gestalt jene innerliche Stabilität, die ihm hilft, Entfernungen zurückzulegen, welche für das einzelne Tier unüberwindlich wären.

Es sind auch wieder Bussarde da, die an schönen Tagen auf einer Thermik ihre Tänze aufführen. Während die Gänse ziehen, gehen sie allerdings nieder.

Ich habe vor, ein paar Neupflanzungen (Sommerflieder, Kornelkirsche, sowie dreißig zweijährige – also sehr winzige – Rotkiefern) und einige kümmernde und kranke Bäume systematisch mit Brennessel- und Comfrey-Jauche zu behandeln. Der Schneeball, der wahrscheinlich einen ungünstigen Standort hat, wird seit einigen Jahren regelmäßig von Läusen heimgesucht, gegen die auch mit der Pyrethrum-Spritze nichts auszurichten ist, und eine kleine Blaufichte wurde jahrelang durch die unmittelbare Nachbarschaft der Belladonna niedergehalten. Ich habe sie aus deren Dunstkreis weggepflanzt, aber bisher ist sie dennoch nicht in Gang gekommen.

Ebenso eine von den Schwarzkiefern, der die Enge zwischen Wacholder und Holunder nicht bekommen ist und die jetzt allein steht. Auch sie zeigt bisher keine Anzeichen von Lebendigkeit. Höchstens, dass sie die braunen Nadeln abgeworfen hat. Vielleicht tun ja die Jauchen wirklich die ihnen nachgesagten Wunderwirkungen.

Feucht warm und bedeckt. Einige der mit Jauche behandelten Pflanzen haben über Nacht Fortschritte gemacht. Aber das liegt wohl eher an der günstigen Witterung als an meiner Behandlung. Doch wer weiß!

Diese Unsicherheit gehört ja zu allen Naturheilweisen wesentlich dazu. Man weiß nie, ob das verabreichte Mittel die Ursache der Besserung ist oder nicht vielleicht doch irgendein anderer unbekannter Faktor, der sich seither eingestellt und eventuell die gesamte Wirkungskonstellation verändert hat. Wahrscheinlich ist die Frage nach der Ursache hier sogar prinzipiell falsch. Es genügt ja, dass die gewünschte Wirkung eingetreten ist. Natürlich (natürlich!) ist das ein »vorwissenschaftliches« Verhalten, obwohl ich es vorziehe, es »nachwissenschaftlich« zu nennen, nämlich postmodern.

Man muss halt dran glauben, und das sowieso. Und das Erstaunliche ist, mit welcher Leichtigkeit und Gefügigkeit unsere Zivilisation, die ansonsten das Glauben durch Wissen ersetzt zu haben beansprucht, angesichts der unsinnlichen Bedrohungen, die neuerdings aus den Wolken kommen, Glaube und Wissen erneut die Plätze tauschen lässt und, wo das eigene Wissen durch keinerlei persönliche Erfahrung gedeckt ist, sondern lediglich auf dem allgemeinen Hörensagen beruht und mithin überhaupt kein

Wissen ist, nur gar zu gerne bereit ist, das Allerschlimmste zu glauben.

Der Begriff postmodern oder ein entsprechendes Verhalten wie das »going native« könnte in diesem neuen, von der radioaktiven Wolke zuerst hergestellten und dann aufgedeckten gesellschaftlichen Konsens die Bedeutung annehmen, dass man sich freiwillig der Barbarei in die allzeit offenen Arme wirft, eine Restitutio ad integrum, von deren Zwangsläufigkeit nicht bloß die früheren Väter der Aufklärung, sondern auch die neueren Kritiker ihrer Dialektik nicht einmal zu träumen gewagt haben dürften, bewiese sie doch, dass ihrer aller Voraussetzung falsch war und falsch bliebe: dass es nämlich im Menschlichen einen Fortschritt geben könne.

Meine tägliche Suche nach Pflanzen, die sich selbst neu angesiedelt haben, modifiziert sich in diesen Wochen insofern, als ich inzwischen auch nach Mutationen Ausschau halte.

Wurde fündig mit einem geplatzten und augenscheinlich hypertrophierten Löwenzahnblütenstengel, der am Boden lag und sich als gewaltiger Wulst auswärts gestülpt hatte. Dann war da etwas, das eigentlich nur ein Pilz sein konnte (oder gewesen sein): ein überlanger Stengel, weißlich und nicht dicker als ein mittlerer Wollfaden, s-förmig auf dem Boden liegend, mit einem schwärzlich grauen Gebilde anstelle des Hutes, das mit den Grashalmen verklebt war, auf denen es lag.

Nun ist das ja vielleicht ganz in Ordnung und nicht im mindesten eine Mutation. Außerdem bin ich in gar keiner Weise qualifiziert, eine echte Mutation überhaupt zu erkennen. Aber dass ich auf die Idee komme, es könne sich um Mutationen handeln und nicht bloß um normale Missbildungen, ist ein Indiz für die geistige Klimaveränderung, die von der radioaktiven Wolke bewirkt worden ist, Indiz für eine Art Mutation in meiner Wahrnehmung der Welt und in meinem Denken über sie.

Über dem Hof liegt ein eigentümlich intensiver Duft. Er stammt von dem blühenden Ginster, erhält aber seine durchdringende, süßliche Intensität erst durch seine Durchmischung mit dem Duft des daneben stehenden weißen Flieders, der in diesem Jahr zum ersten Mal voll in Blüte steht. Hinzu kommt noch der Duft des lila Fliederwäldchens, das ebenfalls in diesem Jahr zum ersten Mal voll erblüht ist, und es zeigt sich nun, dass an der Rede vom ›betäubenden Duft‹ in der Tat etwas dran ist. Nicht dass ich ohnmächtig umfiele. Doch erhält die Luft unversehens ein Aroma, das mich veranlasst, stehen zu bleiben und wie meine Hündin witternd die Nase zu heben, um meine atmosphärische Umgebung nach Spuren einer fremden Anwesenheit abzutasten.

Inzwischen ist es Juni geworden, und ich beiße von meinen Möhren ab, dass es kracht. Als hätte es Tschernobyl nie gegeben.

Gäbe es keine Zeitungen und dergleichen, dann hätte es in der Tat Tschernobyl nie gegeben und ich bisse dann ebenso bedenkenlos krachend von meinen Möhren ab wie eben jetzt.

Damit will ich nicht etwa sagen, dass ich Tschernobyl lediglich für ein Medienereignis hielte, obwohl ich tatsächlich der Ansicht bin, die heutige Wirklichkeit sei weitestgehend eine Funktion der Medien. Und damit will ich auch nicht sagen, dass ich meine eigene Bedenkenlosigkeit in dieser Sache zur Maxime einer allgemeinen Anwendung gemacht wissen möchte, ganz und gar nicht. Was ich damit sagen will, ist dieses: Es bleibt mir gar nichts anderes übrig, als meine Bedenken hintanzustellen. Und es ist auch keineswegs Bedenkenlosigkeit, was mich krachend von meinen Möhren abbeißen lässt, sondern ganz im Gegenteil die Entscheidung nach einem sehr langen und schweren Bedenken.

Die Bedenkenlosigkeit überlasse ich unseren demokratischen Oberen und deren amtsführenden Helfershelfern, die sich kürzlich an einer eigens zu diesem Zweck errichteten Salatbar pressemäßig ablichten ließen, um so – sich unter Einsatz der eigenen Person mutig kopfüber ins Risiko stürzend – den Verzehr von möglicherweise strahlenden Gartenprodukten offiziell als »unbedenklich« zu demonstrieren. Ich hingegen, der ich wie alle Welt sonst auch nur die Wahl zwischen Tschernobyl und Aldi habe, zwischen ›getötet‹ und ›tot-behandelt‹, habe mich für meinen Garten entschieden, für das Unheil aus den Wolken, die über uns schweben, und gegen den Affentanz um das bisschen reduzierte Leben, das die Kalkulationen der Konzerne den Kunden zugestehen müssen, damit die Waren verkauft und verbraucht und die Profite erwirtschaftet werden können.

Nach mir also die Sintflut! Dies gute alte Wort der Madame Pompadour, ehe sie guillotiniert wurde, mag auch über meiner Entscheidung leuchten, die ja eigentlich gar keine ist, sondern nur ein Vollzug des ohnehin Unausweichlichen. Nicht weil ich mir ein Hintertürchen offen gehalten und geheimerweise in der Garage eine Arche gebaut hätte, die ich nun samt den Meinen und einem Pärchen von jeglichem mir erreichbaren Getier zu besteigen gedenke (vgl. die unvergleichliche Schilderung des Vorgangs in T.H. Whites Roman *The Elephant and the Kangaroo*, zu Deutsch *Mr. White treibt auf dem reißenden Liffey nach Dublin*), sondern weil ich nicht wünsche, dass irgendwer von diesem Pack, das derlei nicht bloß möglich, sondern auch wirklich gemacht hat, seiner endlichen Beseitigung entgehe, wobei mir der Hinweis erlaubt sei, dass selbigem Pack ich mich durchaus zurechne.

Jedenfalls will und kann ich eine Zeitenwende nicht anerkennen, vor der die Aldi-Nahrung das Allerletzte war, das ein gesundheitsbewusster Mensch zu sich genommen hätte, und nach der gerade die für Fragen der Ernährung aufgeschlossensten Hausfrauen und Mütter sich mit den biologisch toten Nahrungsmitteln von Aldi eindeckten, weil die wenigstens nicht verstrahlt waren. Doch für ›tot‹ gibt es keine Steigerung, und die Auferstehung des Fleisches halte ich ohnehin für Humbug.

Also stehe ich, mit dem nackten Fuß in der Luft, auf der Stufe vor der Haustür und zögere noch, ihn ins regenfrische Gras zu setzen. Dieser eine Schritt, und danach wäre alles anders, unwiderruflich, scheint mir.

Doch was sonst bleibt mir übrig? Ich kann das Haus nicht fliegend verlassen, und über kurz oder lang wird sich die Strahlung ohnehin breitgetreten haben und allgegenwärtig sein. Vor dem Tod gibt es kein Entkommen, sei's am Krebs aus der Wolke, sei's an dem aus der sekundär gerauchten Filterzigarette, und Kinder zu zeugen, habe ich mich seit je geweigert, nicht auf dieser Welt! Also, scheint mir, kann ich das Unvermeidliche auch aus eigenem Entschluss vollziehen und setze meinen Fuß ins Gras, das sich kühl und erfrischend anfühlt wie immer.

Und auch ich versuche mich zu verhalten wir immer. Dieser Garten, in dem wir leben, ist nicht das übliche Nutztier, das entweder mit herkömmlich agro-chemischen oder mit fortschrittlich biologisch-dynamischen beziehungsweise -organischen Methoden auf Ertrag und Leistung getrimmt ist, sondern ein knapper halber Hektar Landes, auf dem ich wachsen lasse, was da wachsen will, damit dort entstehe, was kann, auf jeden Fall Raum. Raum, der erfüllt wird und dadurch entsteht, dass er erfüllt wird. Hier und da in diesem Raum sind ein paar kleinere Stücke als Nutzflächen urbar gemacht worden, wo aber ebenfalls neben allem Gemüse auch aller Wildwuchs bestens gedeiht.

Dieser Garten ist ein nahezu beliebiger Ausschnitt aus dem Land ringsum, eine Art Insel, und was klimatisch auf den benachbarten Ländereien geschieht, das geschieht auch hier. Dies gilt aber für beide Richtungen, und so ist, was bei mir an Vegetation und

Population aufkommt, ein Modell für das, was nebenan aufkäme, ließe man es nur zu.

Ich nenne dieses Aufkommen die Gewinnung des Sakralen Raumes.

Als Sakraler Raum bleibt der Menschheit die Erde noch zu entdecken, wenn sie überleben will, nämlich als ein Ort der Einbindung aller Lebewesen in eine Vorgefundene übergreifende Ordnung des Lebendigen, deren Bestand die Voraussetzung für den Bestand des (menschlichen und alles sonstigen) Lebens ist. Die Erde mit den sie umgebenden Gashüllen erzeugt im Verein mit dem planetarischen System, dem sie angehört, den Raum, der das Leben in seiner Vielfalt hervorgebracht hat und erhält, und es müsste jedermann einleuchten, dass Eingriffe, die diesen Raum stören oder gar zerstören, unmittelbare Folgen für das Leben haben müssen. Und dann ist es nur noch ein Schluss von allereinfachster Logik, dass der Bestand des Lebens von der Erhaltung dieses Raumes abhängt, nämlich von der Unterlassung jeglichen Eingriffs, der ihn schädigen könnte.

Es liegt auf der Hand, dass das Verhalten der zivilisierten Menschheit genau auf das Gegenteil hinausläuft und dass mithin hier und nirgends sonst ein Prozess radikalen Umdenkens einzusetzen hätte – mit dem Ziel der Errichtung eines neuen, dem gegenwärtigen entgegengesetzten Wertsystems, das beispielsweise den Lebensraum als sakralen Raum begreife und für unantastbar erklärte. Ich meine also nicht, dass der Menschheit der irdische Lebensraum als sakraler Raum gegeben sei und sie gleichsam nur vergessen habe, dass es sich so verhält. Ich meine vielmehr, dass sie, wenn ihr das Leben lieb ist, lernen müsse, ihn als Sakralen Raum zu *nehmen*, was ganz sicher eine radikale Umwertung voraussetzt (die möglicherweise nur durch eine globale Katastrophe allerschlimmsten Ausmaßes erzwungen werden kann). Ich halte also den technischen Umweltschutz, wie er neuerdings um sich greift, Recycling und dritte Klärstufe samt einer ›maßvollen‹ Ausbeutung der Ressourcen, für den prinzipiell falschen Weg, es mit den Problemen aufzunehmen, da er letztlich doch nur auf eines hinausläuft, nämlich auf die Wahrung des Besitzstandes unter Beibehaltung des derzeitigen Wertsystems, das doch zweifellos die Ursache des Übels ist. Wer hingegen in der Lage ist, die Erde als Sakralen Raum zu erkennen, wird auch um die Anerkennung der Tatsache nicht herumkommen, dass der anthropozentrische Standpunkt illusionär und letztlich zerstörerisch ist.

Für mich bildet der Garten einen Meditationsraum, der geeignet ist, diese Sachverhalte anzuschauen und in der Betrachtung zu erfahren. Ich habe ihn als Nullpunkt erkannt, als einen Punkt ohne Ausdehnung, wo die Welten aufeinander treffen, sich gegenseitig durchkreuzen und durchdringen, das Große und das Kleine, Makrokosmos und Mikrokosmos, beide bis ins Unendliche reichend und beide für mich gleichermaßen unerreichbar, es sei denn hier an diesem Punkt, es sei denn in der Anschauung, der sie enthüllen, was hinter der Gegensätzlichkeit ihrer Erscheinung verborgen ist, nämlich die Identität ihrer Struktur. »Wie oben, so unten«, lautet ein grundlegendes Prinzip aller mystischen Erfahrung, und so bleibe ich hier, wo es sich mir offenbart, in diesem Garten zwischen den Welten, diesem Nichts am Rande des Wirklichen, wo das große Ganze und das ganz Kleine einander berühren und mich an sich teilhaben lassen. Dieser Garten enthält für mich die Welt, und er enthält sie ganz, und hier, in diesem Garten, gibt sie sich mir zu erkennen, zumindest tendenziell.

Hans Blüher, heutzutage als präfaschistischer Denker in Verruf, aber sehr zu Unrecht vergessen, hat, scheint mir, den Sakralen Raum allzu weit ausgelegt, als er vom Kosmos als von diesem Raum sprach. Wohl mag die kosmische Ordnung, wenn es sie denn gibt, ein Gegebenes sein, vielleicht sogar das Wahre, doch bliebe ein eventuell aus ihr abgeleiteter ethischer Anspruch ebenso unverbindlich wie der, der sich auf den »gestirnten Himmel über mir« oder auch auf den »allmächtigen Vater im Himmel« beruft. Der kosmische Raum ist der unmittelbaren menschlichen Erfahrung entzogen, es sei denn in der Theorie, auf einsteinschen Reisen. Die Menschheit hingegen bleibt auf der Erde, bleibt auf sie als den Ort angewiesen, der ihr unmittelbar gegeben ist, jedenfalls solange alles mit rechten Dingen zugeht, und es wäre ihr anheimgestellt, diesen Ort, die Erde, als Sakralen Raum zu entdecken und sich selber darin.

Die Verhältnisse in einem Sakralen Raum würden die des Raumes überhaupt komprimiert in sich enthalten. Im Sakralen Raum hätte das Ganze an sich selber teil. Lebte der Mensch auf der Erde als in einem sakralen Raum, gäbe es kein Umweltproblem. Dieses verdankt sich weitgehend der Säkularität aller Verhältnisse und lässt sich zuletzt auf die Tatsache des Geldes zurückführen, in dem die Weltlichkeit der Welt gleichsam gemünzt, geprägt und verdinglicht erscheint. Die Welthaltigkeit des Geldes aber lässt sich akkumulieren. Geld sammelt sich bei sich selber, und dann muss man – nach der geltenden Wertordnung – dafür sorgen, dass man seine Finger hineinkriegt. Mitten hinein in die Scheiße.

So erworben wird Geld Welt, je mehr desto besser, und was bei diesem Prozess ausfällt, ist alles Nicht-Quantifizierbare der Welt, ist das, was zuletzt in dem Begriff Lebensqualität zu einem Modewort verkommen ist, wobei alle, die es benutzen, sich einig sind, dass es darauf ankomme, möglichst viel davon an sich zu raffen.

Die Zerstörung des Gartens im Jahr von Tschernobyl geschieht unsinnlich. Es wächst und blüht und gedeiht in diesem Jahr, wie ich es selten erlebt habe, und da fällt es schwer, sich andauernd die Tatsächlichkeit der Drohung, die davon ausgehen soll, vor Augen zu halten. Das Wissen, dass der Garten zerstört ist, darf sich sinnvollerweise nicht gegen den Garten selber richten, das heißt dagegen, ihn weiterhin zu pflegen und seine Hervorbringungen zu nutzen, sondern nur gegen die Gesellschaft, deren angebliche Bedürfnisse die Ursache der Zerstörung sind.

Da ist mir denn die Vermutung ein Trost, dass möglicherweise die Kurzlebigkeit vieler Lebewesen sie besser mit der Strahlung fertig werden lässt als andere, die länger leben und ihr so mehr Zeit geben, ihr Zerstörungswerk am Organismus, das dann abläuft, in Gang zu setzen. Der Krebs ist ja selbst Natur. Er ist entsetztes, entfesseltes Wachstum, und alles, was er zu seinem Gedeihen braucht, ist ein bisschen Zeit. So könnte es sein, dass die Eintagsfliege gegen ihn gefeit ist, weil sie ihm keine Zeit gibt, und in ihren Erbanlagen seelenruhig die neue Strahlung als natürliche Gegebenheit verarbeitet und weitergibt.

Die städtische Intelligenz hat unterm Schock von Tschernobyl die Natur wiederentdeckt und ist gegenwärtig dabei, sich ihrer als Gegenstand der Betrachtung und Reflexion zu bemächtigen, wobei sie herausgefunden hat, dass es sich gar nicht um die so gern und so lange geschmähte Idylle handelt, die sie sonst unausweichlich mit dem Begriff Natur assoziiert hatte. Sie entdeckt vielmehr, dass es da auf Leben und Tod zugeht, nutzt aber diesen epochalen Fund lediglich dazu, die alte Scheinfront wieder aufzubauen. Als sei es um »richtig« oder »falsch« verstandene Natur zu tun, wobei, nachdem sie endlich »richtig« verstanden worden sei, endlich auch wieder die Frage aufgeworfen werden könne, wie sich ihr gegenüber der Mensch zu behaupten habe. Was sie einfach nicht wahrhaben will, diese Intelligenz, ist die Einsicht, dass es der Fragen nach dem Menschen endlich genug und die Zeit der Antwort gekommen ist. Wer sie weiterhin stellt, betreibt auch weiterhin den Ausverkauf der Natur, es sei denn, er akzeptiere die untergeordnete

Rolle des Menschen im ökologischen Zusammenspiel des Lebens, die möglicherweise darin besteht, eine bestimmte Spielart von aktiver Intelligenz auf der Erde auszuprobieren, möglicherweise aber auch nur darin, das ökologische Gleichgewicht auf der Erde zu stören, zu wessen Gunsten auch immer. Wenn schon nicht zum Nachteil des Ganzen.

Es geht um nichts weniger als um die Verabschiedung der Menschheit aus der Geschichte. Es könnte sehr wohl sein, dass sich hinter dieser Metapher für die Menschheit eine unausdenkbare Katastrophe oder gar eine Folge solcher Katastrophen verbirgt. Es könnte durchaus sein, dass die Verabschiedung aus der Geschichte, die der Menschheit bevorsteht, mit jenem Ende der Zeiten zusammenfiele, das uns begnadete Apokalyptiker schon seit Tausenden von Jahren erfolglos an die Wände malen. Geschichte beginnt sich als diejenige kulturelle Veranstaltung der Menschheit zu erweisen, bei der die Natur und die Erde selber zur Verhandlung stehen – mit allen neuerdings sichtbar werdenden Konsequenzen für das Leben. Dennoch müsste es schon ein ungeheuerliches Ereignis sein, das imstande wäre, der Menschheit ihre Geschichtlichkeit nicht nur als disponibel vor Augen zu stellen, sondern sie auch die Entscheidung treffen zu lassen, sich ihrer ein für alle Mal zu entledigen. Es wäre dies ein Gewaltstreich zur Wiedergewinnung der paradiesischen Unschuld, der Schritt übers Menschliche hinaus, es mit seiner Natur zu versöhnen.

Bliebe die nicht kleine Frage, wie dies wohl zu bewerkstelligen wäre.

Einmal abgesehen von einer Antwort erscheint aber diese Konsequenz aus den zivilisatorischen Vorgängen zu ziehen, gewissen Denkern des Menschlichen weder wünschbar noch überhaupt denkbar. Dennoch ist sie, nicht zuletzt im natürlichen Interesse des Menschen selber, unumgänglich.

Einer unter diesen Denkern, der unlängst zu Ruf und Ruhm gekommene Norbert Elias, wendet sich gegen die Ansicht, der Mensch im zivilisatorischen Prozess sei die Ursache des Übels, mit der nirgends – zumindest in diesem Buch nicht – bestrittenen Behauptung der Grausamkeit oder Indifferenz der Natur gegen ihre Geschöpfe (vgl. Norbert Elias, Über die Natur. In: *Merkur*. Nr. 448, 6/1986, S. 469-481), indem er unterstellt, wer von der Verderblichkeit menschlichen Wirkens überzeugt sei, glaube in der Regel auch an die Gutartigkeit, ja, an die Güte der Natur. Da jedoch letztere Ansicht, wie sich leicht zeigen lässt, falsch ist, erledigt sich für Elias nolens volens auch die andere Hälfte seiner Unterstellung, nämlich die Auffassung, dass der Mensch die Quelle des Übels sei.

Elias betont, der Mensch sei zu beidem begabt, zum Guten wie zum Bösen, und es liege in seiner Entscheidung, welchen Weg die historische Entwicklung nehmen werde. Er glaubt an die Machbarkeit der Welt durch den Menschen und traut ihm zu, er werde, was im historischen Prozess falsch gelaufen sei, korrigieren können und das auch tun. Als wäre es nicht gerade diese Vorstellung der unbegrenzten Machbarkeit der Welt, was zur gegenwärtigen ökologischen Misswirtschaft auf der Erde geführt hat.

Elias vertraut auf die menschliche Erkenntnis- und Wissensfähigkeit, die den Menschen über die Stufe der magischen Beziehungen zwischen Dingen und Wesen hinausgetragen habe und ihn auch in die Lage versetze, falsch getroffene historische Entscheidungen zu korrigieren und rückgängig zu machen. Was er übersieht, ist die Tatsache, dass die Verschränkung von Mensch und Natur nicht bloß dem Menschen Handlungsfreiheit gegenüber der Natur verleiht, sondern auch ihn ihrer Zwangsläufigkeit unterwirft. Zudem ist die Manipulierbarkeit der Natur nicht unbegrenzt, und vor allem ist sie nicht umkehrbar. Ein Maultier wird sich auf gar keine Weise in Pferd und Esel zurückdividieren lassen.

Elias, der dem Menschen bezüglich der Historie jede Wahl lässt, lässt seinem Leser bezüglich des Menschen keine: man muss an ihn glauben. Man muss einfach glauben, dass er es zuletzt gut machen werde, ganz gleich, wie der Augenschein dagegenspricht und was er sagt. Mir jedenfalls sagt er, dass der Mensch keine Gelegenheit mehr haben werde, irgendetwas zu korrigieren; denn er ist ja noch immer munter dabei, das möglichst Schreckliche wirklich zu machen, und das im besten Glauben, und nichts und niemand ist in Sicht, ihn daran zu hindern. Der Mensch hat das Maß des Möglichen weitgehend ausgeschöpft, und nun haben andere Faktoren das Spiel zu bestimmen begonnen, auf die der Mensch keinen Einfluss nehmen kann. Nun ist es wieder die Natur, was den Gang der Dinge vorschreibt, und nicht das Interesse des Menschen, und es ist sehr wahrscheinlich, dass jener ›stumme und blinde Ablauf‹ den Elias der Natur nachsagt, bereits eingesetzt hat und dabei ist, über den Menschen hinwegzugehen, nicht weil sie gut oder bös wäre, sondern weil sie, wie Elias ebenfalls festgestellt hat, gegen den Menschen und sein Wohl- oder Schlechtergehen indifferent ist. Er interessiert sie gar nicht. Er hat, so könnte man sagen, seine Chance gehabt. Er hat sie genutzt, um den Stöpsel zu ziehen und die Flur in Gang zu setzen, die ihn und seine Werke hinwegspülen wird.

Na, und? Die Geschichte des Menschen auf Erden hat mit einer Katastrophe begonnen, hat sich sodann als Katastrophe in Permanenz entwickelt, und nun ist es weiter nichts als logisch, dass sie, wenn sie es denn überhaupt tut, auch als Katastrophe endet. Doch was heißt schon Katastrophe? Es ist eine Frage der Einschätzung, des Standorts und der Perspektive.

Ich lese im *Verlust der Mitte*, einem jener Versuche über Werte aus den fünfziger Jahren (Ullstein-Buch Nr.39). Er stammt von dem Wiener Kunsthistoriker Hans Sedlmayr, der alles am Zusammenbrechen sah: Kunst, Religion und den Menschen selber. Mein Lehrer an der Uni ist seinerzeit sehr höhnisch über dieses Buch hergezogen, und ich fühlte mich ihm gegenüber ziemlich voreingenommen. So erinnere ich mich beispielsweise einer kleinen Session vor dem damaligen Gebäude der philosophischen Fakultät am Hamburger Bornplatz, wo ich zusammen mit Lakschewitz und Peymann im Kreise sozusagen als magischen Chanson den Namen Sedlmayr skandiere, während die Kommilitonen kopfschüttelnd an uns vorbei und dem Erwerb ihrer Seminarscheine nachgingen. Wie gesagt, wir kamen alle von Wolffheim, und erst jetzt beim Lesen fange ich an, mich des von ihm erlassenen Bannes zu entledigen, was mir gar nicht leichtfällt.

Doch die Lage ist so, dass die Karre inzwischen noch sehr viel tiefer im Dreck sitzt, als Sedlmayr es damals befürchtet hat, und dennoch tun die meisten von uns immer noch, als fühlten sie sich wohl. Den meisten geht es aber in Wirklichkeit schlecht.

Ich meine jetzt ausnahmsweise einmal nicht die Armen und Ausgebeuteten der Dritten Welt, sondern uns im relativen Wohlstand der Ersten lebenden Menschen, für die so grundlegende und natürliche Funktionen des Lebens wie ein Trunk frischen Wassers aus einer Quelle oder einem Bach, ein Atemzug von reiner Luft, die Stille eines Sonnenaufgangs oder das Farbenspiel eines Sonnenuntergangs, ein unangestrengtes besinnliches Alleinsein mit sich selber, der Blick auf eine natürliche Landschaft ohne irgendeine technische Manifestation menschlichen Herrschaftsanspruchs über sie, ohne Straße oder Schiene oder Häuser oder Hochspannungsmasten oder Flugzeuge in der Luft, lauter Dinge, die menschliches Wohlbefinden nicht etwa verursachen, sondern eher als Vorbedingung der Möglichkeit eines solchen Empfindens anzusehen sind, gehen dem weitaus überwiegenden Teil der in Wohlstand und Luxus dahinvegetierenden, von Neurosen und psychosomatischen Ausfallserscheinungen geplagten Menschen dauerhaft ab. Sie bewohnen eine weitgehend künstliche Welt, der sie sich zunehmend anpassen, und bezahlen für die damit verbundene Verkünstlichung all ihrer Lebensfunktionen mit einem Verlust von natürlichem Wohlbefinden, der ihnen allerdings oft kaum noch bewusst wird, auch wenn ihr Körper schwer darunter leidet. Die ›Verpflanzung‹ des Menschen ins Künstliche, die Herstellung von künstlichen Lebensverhältnissen, die gegenwärtig in unsern Breiten ein Ausmaß erreicht hat wie nie zuvor in der Geschichte, ist dennoch keine Erfindung unserer Zeit.

Jeglicher zivilisatorische Prozess bewegt sich fort von den Quellen des Natürlichen, und Sedlmayr, in seinem erwähnten Werk, behandelt an zentraler Stelle ein Phänomen, das diesen Vorgang zugleich darstellt und seine Bedingungen reflektiert, die Gartenkunst. Er hält das Konzept des Landschaftsgartens, wie die Goethezeit ihn in einigen herausragenden Beispielen hervorgebracht hat, für »die umfassendste Form des Gesamtkunstwerks, die man sich überhaupt vorstellen kann: ein Übergesamtkunstwerk« (17). »Gesellschaftsgeschichtlich erwächst diese Form noch durchaus aus dem feudalen Großgrundbesitz; und wenn man bedenkt, dass ihre großartigsten Verwirklichungen eine Zurückdrängung des fruchtbar bebauten Landes zugunsten einer idyllischen Wildnis bedeuten, ermisst man erst die Vehemenz der geistigen Kräfte, die sich in dieser, so gesehen, absurden Form durchsetzen.« (20)

Nach 1830 wird ein gewisser Hang zur Veräußerlichung, zur Musealisierung des Parks fassbar, für Sedlmayr symptomatisch für den Sturz aus der Mitte, der die Welt allmählich erfasst. An dieser Sicht ist ja was dran, wenn man voraussetzt, dass die Welt rund, ihr Platz im Zentrum und alles im Gleichgewicht ist, was Sedlmayr offensichtlich annimmt. Die Frage ist halt bloß, ob es auch stimmt. Das wage ich nicht zu entscheiden. Doch finde ich mich in meiner Sicht der Dinge eigentümlich ermuntert und ermutigt durch die Tatsache, dass dieser Autor sein Buch mit einem Hinweis auf sich anbahnende Veränderungen abschließt, in denen er ein erstes Anzeichen sieht, »das Hoffnung gibt, der Umstand, dass viele das Verhängnisvolle der Lage wieder zu erkennen beginnen und nicht mehr als vermeintliche ›Befreiung‹ begrüßen« (187).

Er beruft sich in diesem Zusammenhang auf Alwin Seifert, einen der Pioniere des »biologischen« Gartenbaus in unserem Jahrhundert, der schon Mitte der dreißiger Jahre unter Hinweis auf die im Gefolge der intensivierten Landwirtschaft in den USA aufgetretenen Bodenerosionen (die Staubstürme von 1934) vor einer »Versteppung Deutschlands« gewarnt hat:

»Von harter Notwendigkeit gezwungen tut Amerika heute so ziemlich das Gegenteil dessen, was bei uns bis heute noch für richtig gilt. Mit einer erstaunlichen Leichtigkeit schüttelt es Erbe und ›Errungenschaften‹ des 19. Jahrhunderts ab und sucht nach Arbeitsweisen, die nichts anderes bedeuten als Anknüpfung an mittelalterliche Überlieferungen ... Sie begrenzen die Äcker mit Höhenkurven und machen sie frei vom rechten Winkel – wir begründen mit der Notwendigkeit rechtwinkeliger Felder die Begradigung unserer Bäche und Flüsse. Sie schaffen in hügeligem Gelände Terrassenäcker – wir graben die unser einigen im Zuge der Feldbereinigung ab. Sie machen ihre Äcker zu schmalen Streifen, um möglichst verschiedenartige Früchte nebeneinander zu haben – bei uns trachtet man nach immer größeren Schlägen, wohl in sehnsüchtiger Bewunderung jener Wildwestbilder unserer Jugendzeit, auf denen von 32 Pferden gezogene Mähdrescher sich durch provinzengroße Weizenfelder hindurcharbeiten. Sie legen neue Hecken und Feldgehölze an – wir rotten die aus, die nicht eben noch unter Naturschutz gestellt worden sind. Sie säen in

Ackerwinkel Hirse, Mohrenhirse, Sonnenblumen usw. als Futter für Vögel und Wild – wir rauben ihnen den letzten Nist- und Lebensraum. Sie führen den Biber wieder ein, damit er kostenlos Staudämme baut, sie stauen Trockenflüsse und setzen Fische dort ein, wo bisher keine sein konnten – wir begradigen und veröden reiche Forellenwasser. Sie halten mit jenen einfachsten Mitteln, die bei uns verachtet werden, mit Handgräben, Tümpeln, Weihern, Erddämmen in allen Wasserrissen Regen und Schnee dort fest, wo sie fallen, um sie ohne Verlust ins Grundwasser zu bringen – wir lassen ganze Landschaften ausrinnen; sie versuchen mit den gleichen Mitteln jedes Korn Mutterboden schon in der Ackerfurche festzuhalten – wir lassen ihn als Flusstrübe ins Meer schwimmen, fangen ihn in Koogen mit unendlicher Mühe wieder auf und fahren ihn als Schlick in Schleppkähnen wieder stromaufwärts. Und das Wunschbild des Ingenieurs des amerikanischen Soil Conservation Service ist eine Landschaft reich durchsetzt mit Wäldern, Büschen, Hecken, Tümpeln, Weihern, eine Landschaft mit kleinen Sägemühlen und kleinen Kraftwerken, eine Landschaft, in der der Bauer alles baut, was der Boden erzeugen kann, ein Dorf, in dem alle Handwerker wieder arbeiten – eine rechte alteuropäische Landschaft also, wie wir sie jetzt noch immer zerstören, weil wir nicht frei geworden sind vom mechanistischen Geist des 19. Jahrhunderts.« (186/87) Das war 1936/37 gesagt.

Man muss allerdings zugeben, dass Seiferts Optimismus bezüglich des hier vorgestellten Umschwungs in der amerikanischen Intensiv-Landwirtschaft ihn getrogen hat; in mancher Hinsicht ist alles noch viel schlimmer geworden, und das gilt auch für Deutschland, obwohl die befürchtete Versteppung größten Ausmaßes hierzulande weitgehend ausgeblieben ist. Doch ist die seither eingetretene Vergiftung von Boden, Luft und Wasser, von der Seifert seinerzeit noch nichts geahnt hat, nicht weniger katastrophal.

(Seine letzte Veröffentlichung war dann ein Buch mit dem Titel *Gärtnern, Ackern ohne Gift.*)

Wir wissen heute, dass auch Sedlmayrs leiser Optimismus, den er in den fünfziger Jahren auf solche wie bei Seifert sich anbahnende Bewusstseinsveränderungen gründen zu können glaubte, verfrüht gewesen ist. Doch obwohl alles immer noch schlimmer geworden ist, als es damals schon war, bleibt richtig, was er gewissermaßen als Quintessenz aller herrschenden negativen Tendenzen ausgemacht hat: »Die Erde, von der er lebt, zwingt den Menschen, einzusehen, dass gewisse Formen seines Denkens und Handelns zerstörerisch sind und zur ›Verwüstung‹ im buchstäblichen Sinn führen. Das anorganische, mechanische Denken wird durch die Erde selbst widerlegt, und so sieht man in der Kultur der Erde Bewegungen auftreten, die die natürlichen Verhältnisse mühsam wiederherstellen und damit in gewissem Sinn die Basis der höheren Kultur; denn ›Kultur‹ war und ist zunächst Kultur der Erde, ihrer Gewächse und Geschöpfe (und der in die Erde ›gesäten‹ Toten)« (185).

Es hat sich inzwischen herausgestellt, dass die Kultivierung der Erde eine recht zweischneidige, ambivalente Unternehmung ist. Wohl kann sie, wie Sedlmayr das tut, als Basis aller »höheren« Kultur begriffen werden, wenn man denn schon von einer Hierarchie kultureller Werte ausgehen zu müssen meint. Doch muss man dann auch sehen, dass eine Entartung oder ein sonst wie begründeter Niedergang dieser Kultur auf derselben Basis ruht. Es ist derselbe Prozess. Tschernobyl ist nicht weniger als die Mona Lisa das Ergebnis einer Kultivierung der Naturkräfte, und der Unfall, den wir unter diesem Namen verstehen, ist nichts weniger als das, ein Unfall, mit dem man nicht zu rechnen brauchte, sondern das bewusst in Kauf genommene Risiko, dass die Verwandlung der Erde in einen Garten auch gelingen und schon nicht als Verwüstung herauskommen werde, und wenn doch, dann hoffentlich nicht bei uns. Es ist der Eingriff selbst, die »Kultivierung«, was das Risiko birgt und – eventuell – entbirgt, und die Größe des Risikos ist nichts weiter als eine Funktion der manipulierten Kräfte und des erwarteten Gewinns. Dieser Gewinn aber heißt seit alters her der Garten des Menschlichen, der Erde abgerungen. (Neuerdings ist dies der Titel des Buches, in welchem der Philosoph Carl-Friedrich von Weizsäcker seine anthropologischen Schriften gesammelt hat.)

Unsere westliche Judäo-christliche Kultur hat laut ihrer eigenen Überlieferung von einem Garten ihren Ausgang genommen. Träger dieser Überlieferung ist ein Buch, nämlich das der Bücher, die Bibel. Und die sagt (1. Mose 2, 8 und 15): »Und Gott der Herr pflanzte einen Garten in Eden gegen Morgen … Und Gott der Herr nahm den Menschen und setzte ihn in den Garten Eden, dass er ihn baute und bewahrte.« Eigentlich glauben wir alle noch immer, dass wir aus diesem Garten stammen und aus ihm bloß vertrieben worden sind und dass es unsere Aufgabe auf Erden ist, in ihn wieder hineinzugelangen, auf Erden, obwohl von Anfang an klar war, dass dieses unmöglich ist. Denn dafür steht nicht bloß Gottes Fluch, welcher den Menschen seit seiner Vertreibung aus dem Garten Eden begleitet (1. Mose 3, 19): »Im Schweiße deines Angesichts sollst du dein Brot essen, bis dass du wieder zu Erde werdest, davon du genommen bist.« Der Mensch hatte bereits bewiesen, dass er sich von Verboten und Flüchen als bloß von Wörtern auf die Dauer nicht beeindrucken ließ, und da ihm mithin durchaus zugetraut werden konnte, er würde auf eigene Faust die Rückkehr in den Garten antreten, tat Gott der Herr ein übriges und »lagerte vor den Garten Eden die Cherubim mit dem bloßen, hauenden Schwert« (1. Mose 3, 24).

Diese mythische Erzählung entstammt der jüdischen Überlieferung. Das Christentum hat sich des Alten Testamentes als der Vorgeschichte seines eigenen Stifters auf ähnliche Weise bemächtigt wie der Dichter der Aeneis, Vergil, die Erzählungen Homers über den Kampf um Troja als Vorgeschichte der Stadt Rom und des römischen Imperiums unter Augustus ausgelegt hat. In beiden Fällen wird durch die Adaption eine historische Perspektive eröffnet, in der die eigene Kultur als ein Phänomen von sehr langer Hand erscheint, in einem geschichtlichen Raum existierend, der sozusagen ›schon immer‹ bestanden hat.

Die christlich-abendländische Kultur hat es vermocht, sich sowohl die regionale jüdische Tradition wie auch die zentrale der römischen Antike einzuverleiben, und sie hat daraus bis ins Mittelalter hinein (und letztlich mit dem Dritten Reich der Deutschen bis ins zwanzigste Jahrhundert hinein) ihren geistlichen und weltlichen Herrschaftsanspruch über die ganze Erde abgeleitet:

»Seid fruchtbar und mehret euch und füllet die Erde und machet sie euch untertan und herrschet über die Fische im Meer und über die Vögel unter dem Himmel und über alles Getier, das auf Erden kriecht« (1. Mose, 1, 28). Mit dieser Blankovollmacht in der Tasche wird bis auf den heutigen Tag und unter Führung der westlichen Kultur und allein zu deren Nutzen in globalem Maßstab die Erde ausgeplündert, allen gegenläufigen Tendenzen aus älterer und neuerer Zeit zum Trotz, wobei die Römische Kirche, als Sachwalterin dieser kulturellen Überlieferung, unbeirrt an dem alten Mehrungsgebot festhält, als wäre es angesichts von fünf Milliarden Menschen nicht bloß noch lächerlich, weil es nachgerade öffentlich auf der Hand liegt, dass weder die Erde selbst noch die von ihr abhängige Menschheit eine ungebremste Vermehrung von Menschen länger verkraften können.

Darum ist es höchste Zeit, den Papst, speziell den gegenwärtigen, Wojtyla, die Römische Kirche und die von ihnen verwaltete Überlieferung als extrem gefährlich für die Erde und zutiefst menschenfeindlich zu erkennen und zu bekämpfen. Wie auch immer reduziert und sublimiert, manifestiert sich nicht zuletzt in der Reiselust des derzeitigen Pontifex, die den gesamten Globus mit den spinnenartigen Spuren seines geistlichen Herrschaftsanspruchs überzieht, zugleich auch jener alte Herrschaftsanspruch auf die Welt, der die Geschichte des Abendlandes zu der unglückseligen Veranstaltung gemacht hat, die sie ist.

Das muss seinen Anfang damit genommen haben, dass Gott der Herr entschied, die Menschen aus dem Garten zu verbannen, in den er sie zunächst gesetzt hatte, und die Cherubim mit dem bloßen, hauenden Schwert vor den Eingang zu lagern, um die unbefugte Rückkehr zu verhindern. Da jedoch die Menschen aufs Paradies nicht verzichten wollten, kam es bald darauf zu den verschiedenen Versuchen, die Erde in einen blühenden Garten zu verwandeln – mit den bekannten nachteiligen Folgen.

Unter diesen tun sich, wie jedem Gartenfreund bekannt, in erster Linie die Schädlinge hervor, die zu solchen im Allgemeinen erst dann werden, sobald sie ungebremst und massenhaft auftreten. Im Hinblick auf den Garten Erde ist solch ein Schädling niemand anderer als der Mensch in seiner von der westlichen Zivilisation geprägten Spielart, welcher das einzige irdische Lebewesen ist, das sich ungebremst und massenhaft vermehren darf, ja, wenn es nach dem Papst, der Römischen Kirche und deren gesellschaftlichen Anhängseln geht, geradezu vermehren soll.

Was sich in diesem Konflikt als Parteinahme für das ungeborene menschliche Leben und fürs Humane schlechthin darstellt, entpuppt sich bei näherem Hinsehen als nicht nur zutiefst natur- und lebensfeindlich, sondern groteskerweise auch als von einer geradezu sadistischen Menschenfeindlichkeit geleitet. Jedenfalls erscheint es nach Lage der Dinge weitaus humaner, ungeborenes menschliches Leben massenhaft zu verhindern als abzuwarten, bis es geboren und aufgewachsen ist, um es dann dem sich heute schon abzeichnenden erbarmungslosen Überlebenskampf auszusetzen, in dem nach dem ältesten natürlichen Prinzip nur der Stärkste, Grausamste und Rücksichtsloseste sich behaupten wird. Bei abzusehenden zehn Milliarden Menschen innerhalb der nächsten dreißig Jahre steht aber genau dieser Vernichtungskampf derjenigen Generation bevor, die gegenwärtig ausgetragen wird, und Papst Johannes Paul II., der sich beharrlich jeglicher künstlichen Geburtenkontrolle widersetzt, wird für die Schrecknisse des kommenden Weltbürgerkrieges wesentlich mitverantwortlich sein. Was der biologische Gärtner als Selbstregulierung und natürliche Schädlingsbekämpfung bezeichnet, das Fressen und Gefressen werden von Lebewesen bis zur möglichst weitgehenden Vernichtung der einen oder beider Arten, das zeichnet sich schon jetzt für den Garten Erde unter den Lebewesen ab, die seit Jahrhunderten und Jahrtausenden diesen Garten bestellen.

Noch ist heute in der Tat die Erde weithin ein Garten, wenn auch aus tausend Gründen meist nicht gerade das Paradies persönlich. Dennoch tendieren seit alters her die meisten Gärten dahin, irdische Paradiese werden zu wollen. Was immer der, der sie anlegt, darunter verstehen mag. Was er meint, das macht er. In China, lese ich, macht er's genauso. Seit zweieinhalb Jahrtausenden werden in China Gärten angelegt und Landschaften entworfen, auch in Form von Miniaturlandschaften. Und sie werden gemalt. In China ist die Kunst der Landschaftsmalerei der Kunst der Landschaftsbildnerei ebenbürtig. Gegenstand von beiden ist das irdische Paradies. Doch während die Maler es bloß darstellen können, stellen die Gartenbildner es her.

Und das nicht nur in China. Auch in Europa hat sich in den Jahrhunderten das Anlegen von Gärten zu einer eigenen Kunst entwickelt. Über die Kunst des Landschaftsgartens der Goethe-Zeit heißt es bei Sedlmayr, wenn er Hallbaums grundlegendes Werk *Der Landschaftsgarten* (1927) referiert, sie »schafft als Rivalin der Architektur und diese an Weiträumigkeit überbietend großartigste freie Raumgestaltungen, sie komponiert mit den organischen Massen der Baum- und Buschgruppen, der Hügel und Rasenflächen, der Bäche und Teiche, sie schlingt in diese freien Massen das Ornament blühender Gewächse. Sie baut aus Naturbestandteilen Bilder der Natur, die der Maler nur auf die Fläche bannen kann, und zwar – darin der Musik vergleichbar – ganze Folgen solcher Bilder, ein Vorzug, der von anderen Künsten außer der Musik nicht erreicht werden kann; in verschiedenen Szenen kann sie die Abfolge der verschiedensten Empfindungen, der Größe, des Lieblichen, Heiteren, Melancholischen oder Wilden hervorrufen. Sie steht endlich – und das ist der gewichtigste Grund – in der innigsten Verbindung mit der Natur, unfassbar und immer sich wandelnd wie diese. ›Keine der nachahmenden Künste ist mit der Natur mehr verwebt, oder gleichsam mehr Natur, als die Kunst der Gärten.‹« (17/18)

»Zu dieser ersten Voraussetzung der Kunst des Landschaftsgartens tritt eine zweite, beinahe mystische Art. Die Vollkommenheit der Natur besteht nur in der Idee, sei es als Durchscheinen einer metaphysischen Schönheit, sei es nur als Vorstellung von einem paradiesischen Urzustand der Welt, zu dem man zurückzukehren strebt. Die Natur war in ihrem ursprünglichen und vollkommenen Urzustand ein Garten. Der religiöse Ursprung dieser Vorstellung ist überdeutlich. Die Aufgabe der Kunst ist es, die Natur in diesem erhöhten ursprünglichen Zustand wiederherzustellen, der sich in manchen Gegenden noch heute erhalten hat, während im allgemeinen – dies ist eine merkwürdige Wendung des Gedankens – das Bild der vollkommenen Natur nur noch in den Bildern der sogenannten ›heroischen‹ Landschaftsmalerei gespiegelt wird. In dieser hat der Maler bereits eine Schönheitsauswahl getroffen und nach bestimmten Gesetzlichkeiten zum Bilde gestaltet. Es ist dieselbe, die der Landschaftsgärtner im Räumlichen verwirklicht. Daher die allgemein und emphatisch aufgestellte Stilforderung, dass der Landschaftsgärtner sich mit den Ideen der großen Landschaftsmaler erfüllen und womöglich selbst Landschaftsmaler sein müsse, um sich nachschaffend dem idealen Urbild anzunähern. Die Schöpfung des Landschaftsmalers vertritt gewissermaßen die Stelle der Gottesschöpfung, deren vorgestellte Vollkommenheit nur aus dem Geiste des Malers fassbar ist.

Diese Bindung an die Vorbilder der Malerei wird später aufgegeben, wenn die neue Kunstgattung zum Bewusstsein ihrer Eigenart und Eigengesetzlichkeit erwachsen ist. Aber auch dann noch sollen die Gärten im Beschauer die Erinnerungen an den Garten Eden, an Arkadien, an Miltons Paradies, ans Elysium und an die Dichtungen aus der Feen- und Idyllenwelt erwecken.« (18/19).

Goethe selbst hat in seinen jüngeren Jahren einen Landschaftsgarten anlegen lassen, womit er sich an etwas beteiligte, das in diesen Jahrzehnten zur Mode und vielerorts zur Leidenschaft eskalierte, besonders unter denen, die es sich leisten konnten.

Später siedelte er (dies wohl auch eine leise Form der Distanzierung von den Auswüchsen der Gartomanie) in diesem Milieu von Landedelleuten die Handlung seines Eheromans *Die Wahlverwandtschaften* an, wo er seine Protagonisten, Eduard und Charlotte, auf ihrem Gut einen Landschaftsgarten anlegen lässt, der später durch das, was darin geschieht, Züge eines verlorenen Paradieses annimmt. Was der alternde Goethe in diesem Werk geradezu exemplarisch abgehandelt hat, ist die für seine Zeitgenossen schockierende Einsicht, dass die Natur mit Notwendigkeit jedes Sittengesetz bricht und der Mensch mithin keinerlei Möglichkeit besitzt, ihr gegenüber seine vermeintliche Überlegenheit und Sonderstellung zu behaupten. Über dem desillusionierenden Gang der Handlung verwandelt sich das Paradies, das die Personen des Romans sich herzustellen versuchen, wo nicht in eine Hölle, so doch in die alte Erde, der alles Lebendige verfallen ist. Am Ende steht der Tod.

Auch der Fürst Hermann Pückler-Muskau ist am Ende gestorben, fünfundachtzigjährig, nachdem er viele Jahrzehnte seines Lebens damit verbracht hatte, seine beiden schlesischen Besitzunbebautes Land in malerische Wildnis zu verwandeln. Das erwies sich auf die Dauer als dermaßen teuer, dass er Muskau, sein Meisterwerk, schließlich verkaufen musste. Pücklers Ehrgeiz war künstlerisch, er wollte die Natur durch Kunst veredeln, was ihn zu weitreichenden Eingriffen in die vorhandene Landschaft veranlasste, mit der er mithin umging wie irgendein Künstler mit seinem Material. Dennoch ist in diesen Gartenanlagen der geheime Antrieb wirksam, das Land zurückzugeben, Natur wieder Natur sein zu lassen. Besonders im Vergleich zu den französischen Barockgärten, in denen sich, vielfach vermittelt, die Beziehung zwischen Natur und Herrschaft manifestiert, erweisen sich die Landschaftsgärten der Goethezeit als frühe Versuche, Lebensräume zu schaffen, Biotope, geschichtsfreie Räume zu eröffnen, in denen die Natur ihr Paradiesisches auszubreiten Gelegenheit erhält und der Mensch als Naturwesen auftreten zu können hofft – in aller Unschuld gewissermaßen. Schon von ihrer Anlage her folgen diese Gartenlandschaften paradiesischen Vorstellungen, sind sie Versuche, das Paradies auf Erden wiederzueröffnen.

Warum auch nicht! Und warum nicht auch ich? Nach Tschernobyl kann ich mich der Erde nur noch nähern. Entgehen kann ich ihr jedenfalls nicht. Und anstatt mich von ihr – was mir geschieht, seit ich aus der Mutter gekommen bin – immer weiter zu entfernen, kann ich mich auch in der Kunst versuchen, die dem

Hsüan Chieh nachgesagt wird, welcher die Fähigkeit besessen haben soll, nach Belieben in seinen Miniaturlandschaften zu verschwinden, um den Menschen zu entgehen. Auch mein Garten ist in gewissem Sinne eine Miniaturlandschaft, und diejenige Tätigkeit, bei der ich ihr, den Dingen und Wesen, den Tieren, den Pflanzen, der Erde und mir selber, am nächsten komme, ist das Jäten. Es versetzt mich in Bewegung. Bringt mich weiter.

Das Jäten ist auch diejenige Tätigkeit im Garten, die mir am liebsten ist, obwohl sie zur Hauptsache aus Töten besteht. Doch ist sie die gärtnerische Arbeit schlechthin. Sie dient dem Zweck, die schnell und wild wachsenden Un-Kräuter, die nur deswegen so heißen, weil sie dem Gärtner unerwünscht sind, zu beseitigen, um den ihm erwünschten, die sich mehr Zeit zur Entwicklung lassen, Platz zu verschaffen, nämlich Raum.

Da der Garten nicht mein einziges Betätigungsfeld ist und zudem oft auch das Wetter oder andere Umstände verhindern, dass die notwendigen Arbeiten regelmäßig und rechtzeitig ausgeführt werden, finde ich nicht gerade selten die Zeit zum Jäten erst dann, wenn es eigentlich überfällig ist, weil das Unkraut nämlich angefangen hat, alles erwünschte Kraut zu überwuchern und zu ersticken.

Wenn es also fast schon zu spät ist, mache ich mich eines Morgens mit Karre, Eimer und meiner kurzgestielten Hacke an eines der verschiedenen Gartensegmente, die ich hier zu betreuen habe, und zwar gewöhnlich an dasjenige, das mir aus unerfindlichen Gründen am meisten am Herzen liegt. Erst danach setzt so etwas wie eine Hierarchie der Bedrängnisse ein, in welche das Wuchernde den Nutzgarten bringt, sei es, dass bei den Brennnesseln die Samenbildung begonnen hat, sei es, dass unter irgendeiner feuchten Deckung die Schnecken dabei sind, sich günstig zu entwickeln (um sich alsbald über alles frisch Gepflanzte herzumachen), oder sei es, dass die Beerenernte bevorsteht und die Büsche mitsamt ihrer Tracht erst aus dem wuchernden Unkraut freigelegt werden müssen, was natürlich nicht ohne Schaden für die Ernte abgeht und nicht gerade für meine gärtnerische Sorgfalt spricht.

Jedenfalls eine mühsame Sache, was mir bevorsteht. Doch wenn ich beginne, ist der Tag noch jung, und ich befinde mich noch im Vollbesitz meiner Kraft und Energie, und auch die Sonne steht noch nicht sehr hoch. Die Sache lässt sich gut an. Jedes Stück Garten hat sein eigenes vorherrschendes Unkraut, obwohl manche von ihnen allenthalben Vorkommen. Was schwankt, ist nur die Häufigkeit ihres Vorkommens an bestimmten Standorten (und diese hängt meist davon ab, ob ich im Vorjahr noch rechtzeitig vor dem Samenerguss der Pflanzen zum Jäten gekommen bin. Oder ob eben nicht.)

Manche treten auf jeden Fall auf, und eine, mit der ich es zuerst und zumeist zu tun bekomme, ist die Vogelmiere, der im Haushalt der Natur die Funktion zuzukommen scheint, die Arbeit des Gärtners zunichte zu machen. Mit zum ersten, was dieser tut, wenn er sich ein Stück Land urbar macht, gehört es, dass er es von möglichst allem Bewuchs befreit. Dann bricht er es auf und macht es zur Einsaat bereit. Doch indem er sämtliche natürlicherweise dort vorkommende Vegetation beseitigt, rottet er zugleich auch sämtliche an ihr Vorkommen gebundenen Tiere aus und bearbeitet zuletzt nichts als die nackte Erde, deren Freilegung seine erste Absicht ist. Sobald er sie erreicht hat, kommt die Vogelmiere, kommt wie ein kleiner Vogel geflogen, ein kleinblättriges, rasch wachsendes und rankendes, kriechendes Kraut, das von dem Punkt aus, wo das kaum sichtbare Samenkörnchen hinfiel, sich nahezu kreisförmig ausbreitet und ein beträchtliches Stück der offenen Stelle mit einem dichten, saftigen Vlies bedeckt. Sie wird von ihr bewachsen mit einer Sorgfalt und Eile, als gelte es, eine Wunde zu schließen.

Und das ist ja auch wahr. Die Vogelmiere ist in der Tat ein natürlicher Wundverband. Sobald sie allen offenen Boden bewachsen hat, wird sie umgehend welk und legt sich als dichtes, zähes Geflecht von Stengeln auf die Wunde, diese zugleich bedeckend und befeuchtend. So bildet dies Geflecht ein ideales Milieu für vagabundierende Samen, sich hier festzusetzen und anzusiedeln.

Gewöhnlich zuerst der Löwenzahn, der wegen seiner Flugschirmchen sehr beweglich und fast allgegenwärtig ist. Hat er sich erst einmal eingefunden, lässt er sich auch so leicht nicht wieder vertreiben, was übrigens für viele und besonders die als »hartnäckig« bezeichneten Unkräuter gilt: Quecke und Giersch, Hahnenfuß, Gänsefuß, Weidenröschen und Kratzdistel. Er senkt seine Pfahlwurzel, je lockerer der Boden, umso tiefer hinein, und auf jeden Fall zu tief hinein, als dass sie unbeschädigt wieder herausgezogen werden könnte. Und jedes im Boden verbliebene Wurzelstück bildet eine neue vollständige Wurzel, aus der die Pflanze wieder hervorgeht, als sei gar nichts geschehen. Als käme sie hier auf einem Karussel vorbei, das um und umgeht. Wo der Löwenzahn Fuß fasst, da fasst er Fuß. Da bleibt er. Gras wächst an dieser Stelle nicht mehr. Mit mehr Fug würde er daher Löwenfuß heißen wie die anderen Füße auch, die ähnlich schwer zu vertreiben sind, Gänsefuß, Geiß- oder Ziegenfuß, Hahnenfuß. Den Löwenzahn jätet man allenfalls im lockersten leichten Boden mit bloßer Hand, wo die Finger der Wurzel bis in die Tiefe folgen können, sie fest umschließen und vorsichtig, mit leichten, fast zärtlichen Rucken herausziehen. Überall sonst wird der Spaten zu Hilfe genommen, um erst einmal den Boden zu lockern, aus dem die Wurzel gezogen werden soll. In meinem Boden, der extrem fett und schwarz ist, muss ich die ganze Scholle herausheben und diese vorsichtig mit den Händen auseinanderbrechen, um so die wie fest eingeschlämmt in ihr liegende Wurzel freizulegen und herausnehmen zu können.

Bei der Vogelmiere jedoch genügt es, das oberirdische Zentrum der zahlreichen Ranken, die sich spinnennetzartig ausbreiten oder wie Polypenarme, zu finden und mit der ganzen Hand zu umfassen, wobei der Daumen dem Boden zugekehrt sein muss, damit die Pflanze voll in der Hand liegt. Und zu ziehen. Wiederum mit leichten Rucken, die die Wurzel aus dem Boden lösen, ohne dass sie abreißt. (Es wäre übrigens auch möglich, dass hier der Name der Pflanze seinen Ursprung hat: Der Leib dieser Miere schmiegt sich in die Hand wie der lebendige Leib eines kleinen Vogels – in die Hand.) Und wenn ich nun ziehe, dann ist es nicht mehr bloß das Herausreißen einer Pflanze aus dem Boden, sondern zugleich das des Vogels aus einer Welt.

Für mich beginnt das Jäten damit, dass ich, um dem Erdreich näherzukommen, in die Hocke gehe, in der es fortan auch weitergeht. Eine nicht nur ursprüngliche, sondern auch umständliche Fortbewegungsart. Jedenfalls für unsereins Zweibeiner. Nur die Kröten gehen immer so, wenn sie nicht gerade einmal einen Sprung tun. Diese Gangart in der Hocke ist außerordentlich förderlich für die Entspannung einer verspannten Bauchmuskulatur und des durch sie verspannten Darmes.

Eine andere Folge des Gehens-in-der-Hocke ist die Berührung des Bodens mit den Händen. Ich werde zum Vierbeiner, der sich zuweilen, darin dem Maulwurf ähnlich, mit den Händen durch die Erde wühlt. Die durchdringende Berührung der Erde mit den Händen ist das fundamentale Tasterlebnis beim Jäten. Der Garten ist eine eminent sinnliche Region. Alle meine Sinne werden von seiner Lebendigkeit unmittelbar angesprochen und aufs äußerste erregt. Während ich mich mit Händen und Armen durch die warme Erde wühle, ist vor meinen Augen das feine Filigran der Eberrautenblätter und in meiner Nase die fast liebliche Bitterkeit, die der Eberraute eigen und viel gelinder ist als die Bitterkeit des gestrengen Wermuts und viel aromatischer (finde ich wenigstens) als die der Weinraute in dieser zärtlich warmen Sonne. Und während das ein wenig dillartige Kraut zwischen meinen Zähnen und Schleimhäuten sein bitteres Aroma verbreitet, wie trübe Schlieren sich im Wasser ausbreiten, erfassen meine Ohren kaum das sich wiederholende Gezerre des Zaunkönigs, das wie ein natürlicher Gegenstand in diesen Raum zu gehören scheint, indem er so wenig zwischen den Dingen hervortritt wie das Grün des Grases für die Augen.

Das Jäten ist aber nicht nur der Weg, auf dem ich der Erde am nächsten komme, sondern zugleich auch der, mich vom Himmel am weitesten zu entfernen. Meine eigentümliche Gehweise beim Jäten verbietet mir den Blick nach oben zum Himmel und lenkt alle Aufmerksamkeit auf den Boden. Vögel kommen in diesem Bereich nur in Blickhöhe vor (oder eben akustisch). Doch selbst der Schrei des Bussards, anstatt mich wie sonst zu elektrisieren und aus allem herauszureißen, berührt er mich beim Jäten nur sanft, als ferne Erinnerung an eine andere Welt.

Nicht lange, und es kommt der Zeitpunkt, wo ich mich, der schmerzenden Hüften wegen, aus der Hocke auf die Knie niederlasse. Erst aufs eine, dann aufs andere. Zuletzt auf beide. Und so, auf den Knien rutschend, durchmesse ich den Rest meines Weges. In diesem Stadium des Jätens bin ich längst dabei, mich wieder zwischen die Wesen zu gesellen, die mich hier umgeben und über die ich mich einst, als ich ein Zweibeiner werden wollte, der seine Welt (ach, scheinbar nur, wie sich inzwischen gezeigt hat) überragt, wie es mein kleiner Hund mir heut noch Vormacht, der, wenn er seinen Horizont erweitern will, sich auf seine beiden Hinterbeine stellt, auf ihnen tanzt und schaut und schaut, erhoben habe. War wohl nix! Jetzt, als Kniender entspricht meine Körperhöhe der Höhe der Beerenbüsche und der aufgeschossenen Unkräuter zwischen ihnen, die ich zu beseitigen vorhabe, jener Meldenart, die wir den Guten Heinrich nennen oder Dorfgänsefuß, und den kleinen Stechapfelbäumchen, von denen manche größer werden als die umgebenden Beerenbüsche. Sie alle müssen von hier weg, ehe sie anfangen, ihre Samen zu versprühen, und das kann nur eines heißen: raus mit ihnen und ab in den Kompost!

Der Kompostplatz ist im Garten der Ort, wo, was von Erde genommen ist, wieder zu Erde wird. Er ist das Zentrum, ist geradezu der sakrale Platz des Gartens. Hier entsteht die lebenspendende Materie, der Humus, welchem der Garten seine Fruchtbarkeit verdankt. Nichts wäre falscher, als den Kompostplatz als Mülldeponie zu betrachten. Hier werden nur solche Stoffe zugelassen, die verrotten und vom Boden aufgenommen werden können. Der Kompostplatz ist nicht ein Ort der Aufbewahrung, sondern ein Ort der Verwandlung. Es findet hier die Umwandlung des aus Erde Gewachsenen zurück in Erde statt, womit in vollkommener Umkehrung des Prozesses dem Boden seine Fruchtbarkeit zurückgegeben wird. Und was hier entsteht, kommt ebenso durch Verwandlung zustande, wie zuvor die lebendige Materie durch Verwandlung von Erde, Luft, Wasser, Wärme entstanden ist. Die vier Elemente der Alten, und das Wetter liefert die Antriebsenergie, dass die zur Verfügung stehenden Mengen davon in Bewegung geraten und sich zu mischen beginnen (ein Vorgang, dem ich allerdings zweimal im Jahr mit der Schaufel nachhelfe, um ihn ein wenig zu beschleunigen). Aus der Mischung keimt es: Lebe/Wesen.

Mancherorts nehmen wir von den Früchten, die sie hervorbringen, und andernorts entnehmen andere anderes. Die Menschen sind von allen die einzigen Lebewesen, die nicht bereit sind, für das Empfangene am Ende sich selbst in den Handel zu geben und ebenfalls weitergereicht zu werden in der Kette. Dabei gibt es gar keine andere Möglichkeit als die, am Ende den Würmern zur Nahrung zu dienen. Es sei denn, wir sind wieder mal schlauer und lassen uns einäschern. Dann gehen wir gleich und unmittelbar die Verbindung mit der Luft ein. Für die Erde bleibt nur ein kümmerlicher Rest Asche, Staub und Knöchlein, und ich werde das Gefühl nicht los, als würde bei diesem Verfahren der Feuerbestattung, das mancherorts doch auch schon uralt ist, die Erde um ihren Anteil geprellt.

Wenn ich so auf meinen Knien jätend durch den Garten gehe, bin ich der Erde lebendig am nächsten, zwischen Dingen und Wesen. Und alsbald wird mein Jäten zu dem verzweifelten Versuch, in diesem Garten und zwischen all diesen Wesen auch meine Bedürfnisse zur Geltung zu bringen und meinen Anteil einzuheimsen. Dass alle hier ernten, und zwar ernten, was nicht sie gesät haben, ist eh klar. Dass ich aber meine Ernte heftig verteidigen muss, um überhaupt etwas von ihr einbringen zu können, weil sie sonst schon unterwegs von anderen aufgefressen würde, die nicht wie ich auf die Früchte scharf sind, sondern auf die zarten Herzblätter und das andere Grün, die den Früchten vorausgehen, das versteht sich – nach dem gemeinen Verständnis von Garten und Gärtnerei als dem wiedereröffneten Paradiese – noch lange nicht von selber. Sobald ich in meiner Wachsamkeit und in meiner Bereitschaft, Gewalt anzuwenden, nachlasse, ist jemand zur Stelle, um sich das anzueignen, was ich anscheinend freigegeben habe und dennoch für meines erachte, das ich jedenfalls für mich haben will.

So ist es beim Ernten. Beim Jäten ist es genau umgekehrt: Ich will etwas für mich weghaben. Nackter Boden sei Wüste, habe ich in irgendeinem Gartenbuch gelesen. Nun will ich allerdings nicht nackten Boden herstellen, sondern ich will, dass an der vom Unkraut befreiten Stelle etwas anderes wachse, etwas Bestimmtes, Identifizierbares (anstatt des beliebig Unbestimmten, diffus

Dschungelartigen, das sich dort zu entwickeln beginnt, wenn ich mich raushalte), Busch oder Baum, Obst, Gemüse, Kraut, Kartoffel. Wenn ich einfach wachsen lasse, was wächst, wird mein Gemüse in einer bestimmten frühen Entwicklungsphase, in der es nur langsam wächst, während das Unkraut aufschießt, erstickt. Ist es über dieses Stadium erst einmal hinaus, kann ich auch das Unkraut wachsen lassen, wie es will. Laufe dann allerdings Gefahr, dass es Samen bildet und verstreut, womit der Wildwuchs der kommenden Jahre ausgesät wäre. Was ich heute jäte, das hab ich durch Unachtsamkeit schon vor Jahren ausgesät, doch vor allem: Das brauch ich in Zukunft nicht mehr rauszureißen.

Wüstenei seh ich oft an der Straße hergestellt, auf dem schmalen Streifen zwischen dem Asphalt des Fahrdamms und der Vorgartenmauer. Für manche Hausfrauen ist der Vorgarten eine Fortsetzung der guten Stube mit Herbiziden, und sie setzen als Gärtnerinnen einen geradezu wütenden Ehrgeiz darein, diesen schmalen Streifen Bodens von jedem, aber auch wirklich jedem grünen Halm oder Blatt frei und die nackte Erde (noch dazu ist es meist der blanke, eigens herangekarrte Sand) offen zu halten; so als sei die Pflanze, die sich eingeladen sieht, sich alsbald dort niederzulassen, eine Art Schmutz, der beseitigt werden muss. Zur Not bedienen sie sich zu diesem Zweck schärfster Gifte, die auch den tierischen Bewuchs, von dem inzwischen ohnehin nur die Wüstentiere, gewisse Spinnen und Sandflöhe, übrig geblieben sind, auf der Stelle vernichten. So kehrt die deutsche Hausfrau auf dem Lande vor der eigenen Tür und kultiviert dort ihre Todeslandschaft selber. Und hinter dem schützenden Mäuerchen findet sich mit einiger Wahrscheinlichkeit ein Gartenzwerg aus Plastik, der die Szenerie betrachtet und fröhlich dazu lächelt.

Dennoch, ob sie es wollen oder nicht (in der Regel liegt nichts ihnen ferner als eine solche Absicht), diese Sachwalterinnen des

Ordentlichen stellen nicht bloß Wüste her, sondern damit zugleich auch, und zwar durch sorgfältiges Harken von Mustern in den freigelegten Sand, eine gleichsam säkulare Art von Zen-Garten, der Zen eigentlich nur wegen seiner Unabsichtlichkeit, ansonsten aber das Gegenteil ist. Doch muss einer, damit diese Verhältnisse eintreten, erst gelernt haben, sie wahrzunehmen.

Den Sandgarten als optisches Kunstwerk gibt es seit alten Zeiten in Japan. Dieser Sand IST Wüste in ihrer ganzen tödlichen Reinheit. Und dahinein gesprengt, gepflanzt zwei, drei Felsen! Aber die ausgesuchtesten Stücke. Und in ausgesuchtester Lage zueinander und zum Betrachter. In einer solchen Anlage bleibt nichts dem Zufall überlassen, und wenn hier etwas zu wachsen sich anschickt, dann wird es entweder mit der großen Gelassenheit des japanischen Gartenkünstlers gejätet oder es ist willkommen und darf sich entwickeln. Die Kunst in solcher Herstellung von Konstellationen aus Elementen der Wüste besteht in der Sicherheit, mit der sie einen Betrachter, der sich ihrem Anblick aussetzt, in ihren Bann schlagen und bestimmte Empfindungen in ihm erwecken. In dieser Fähigkeit manifestiert sich das Objektive dieser Gartenkunst. Mit dergleichen hat mein Garten nichts gemein, in dem es einfach wächst.

Er versucht niemandem etwas zu beweisen und verfolgt keinerlei Absicht außer der, dieses Stück Land möglichst rasch und möglichst dicht zu bewachsen, wie es gerade kommt, und es sodann sich selbst zu überlassen. Er will gerade das nicht sein, was jene Kunstgärten durchweg sind, durchgestaltete Natur, einer Idee unterworfen und mit natürlichen Mitteln Natur darstellend, und sei es so etwas wie Wildnis anhand zweier gegeneinander gekippten Felsen und einer überhängenden Kiefer. Mein Garten dagegen möchte jene Wildnis selber sein beziehungsweise sie werden, anstatt sie bloß darzustellen. Das heißt aber, er will eigentlich kein

Garten sein. Wie die Dinge heut und hier liegen, kann er jedoch nicht mehr werden als höchstens ein Wildgarten, was ein charakteristischer Kompromiss und im Grunde ein Widerspruch in sich selbst ist.

Allerdings – und darin manifestiert er sich sogleich – gibt es auch für mich bestimmte Pflanzen, die ich nicht dulden kann und rücksichtslos verfolge, und das sind die Disteln, die schon seinerzeit von Gott dem Herrn dem künftigen Gärtner als Plage angedroht wurden. Wenn sie sich erst einmal irgendwo festgesetzt haben, ist für sie kein Halten mehr, und sie gehen immer weiter. Gewöhnlich läuft das auf einen Zweikampf sie oder ich hinaus, bei dem ich regelmäßig unterliege, ohne mich doch geschlagen geben zu können. Ich laufe im Garten nach Möglichkeit barfuß, und wer einmal in die Rosette einer Distel getreten ist, weiß, wovon ich rede.

Die gewöhnliche blauviolett blühende Kratzdistel, die immer gleich in Scharen auftritt, ist unangenehm genug. Ihrer ist nur dadurch Herr zu werden, dass sie unmittelbar vor länger anhaltendem Regenwetter geschnitten wird. Dann läuft das Wasser in den hohlen Stengel, und die Wurzel verfault von innen. Das Regenwetter muss allerdings gleich nach dem Schneiden einsetzen, solange die Pflanze noch nicht dazu gekommen ist, durch Absonderung ihres milchigen Saftes die Wunde zu schließen, und es muss auch schon ein einigermaßen ergiebiger Regen sein, bei dem das Wasser wirklich läuft, und überhaupt ist es am besten zu warten, bis der Regen tatsächlich angefangen hat, ehe man sich mit der Sense ans Werk macht, und allein aus der Aufzählung der notwendigen Umstände mag hervorgehen, mit welcher Zähigkeit und Unnachgiebigkeit der Kampf geführt werden muss, wenn er zum Erfolg, das heißt zur Ausrottung der Disteln, führen soll. Und gewiss ist, dass er mehrmals wiederholt werden muss. Und ebenso gewiss ist auch, dass alle anderen Methoden (die Giftspritze ausgenommen) zwecklos sind. Besonders das Ausgraben. Die Wurzel der Kratzdistel reicht in Tiefen, in die der Spaten nicht dringt.

Er wiederum, und zwar rechtzeitig angesetzt, ist das einzige Mittel, das gegen die von uns sogenannte Eselsdistel hilft. Sie zeigt sich im ersten Jahr als flache Rosette, aus der im zweiten ein Stamm nach oben schießt, der sich alsbald nach allen Richtungen hin verzweigt, bis zuletzt ein ovales, fast kugeliges Gebilde dasteht, das auf seiner Außenseite von stacheligen violetten Blüten übersät ist, die rasch auswachsen und sich nach Art der Löwenzahnsamen mit dem Wind ausbreiten. Gelingt ihnen das, hat man als Gärtner verloren. Gegen die Eselsdistel hilft nur das Ausgraben der Rosette. Oder eben ein Esel (der die ganze Pflanze fräße). Der meist man selber ist (weil man es nicht tut).

Dabei ist sie eine wunderschöne Pflanze. Ich habe mir einmal eine dadurch erhalten, dass ich täglich die Blüten, die knapp vor dem Flugstadium standen, abgeschnitten und in die Mülltonne geworfen habe. Zuletzt war der Distelkörper nur noch ein trockenes, starres und stacheliges Gebilde, das vollständig von Spinnen ausgesponnen war mit unzähligen Fliegen- und Bienenskeletten darin. Nach dem Lauf der Dinge würde die Eselsdistel schließlich unterm Wind abbrechen und als norddeutsche Abart des amerikanischen Tumbleweed über die norddeutsche Abart der Prärie rollen, wo sie bald irgendwo hängenbliebe, Nass würde und allmählich verrottete.

Dann gibt es noch die gelb blühende Gänsedistel, die fleischige Blätter und weiche Stacheln hat. Über sie weiß ich nichts. Vermutlich wird sie gern von Gänsen gefressen. Da ich aber keine Gänse habe, wird auch sie gejätet und wandert mit in den Kompost.

Manche Pflanzen, die ich nicht gerade zu den Unkräutern zähle, die aber von zweifelhaftem Nutzen sind (das hängt ganz von der

Art der Verwendung ab, der sie zugeführt werden) und daher von mir nicht überall geduldet werden, brauchen geradezu den offenen, kultivierten Boden, und wenn sie den nicht finden, dann bleiben sie nicht beziehungsweise kommen erst gar nicht. Dazu gehören viele der sogenannten Giftpflanzen wie Fingerhut und Eisenhut, Stechapfel und Bilsenkraut, die sämtlich am liebsten im Gemüsegarten wachsen und dort auch am besten gedeihen. Das ist verständlich, sobald man in der Lage ist, sie als Gemüsearten zu begreifen. Zumindest als Salat, wobei ich allerdings dringend davon abrate, es damit zu versuchen.

Was die Nonnen der Fuldaer Abtei vorschlagen, ist natürlich Nutzgärtnerei als Dauerjob. Es bedeutet, dass man täglich hinausgeht und der Vegetation laufend sozusagen entgegenarbeitet. Dann ist es möglich, auch ein Brennnesselfeld im Zaume zu halten. Doch ich kann nur warnen, sich als Gelegenheitsgärtner auf derlei Ratschläge einzulassen, wie die Nonnen sie erteilen. Auch so überaus nützliche Pflanzen wie Pfefferminze, Topinambur und Comfrey sind, hat einer sie erst einmal in seinen Garten geholt, nur sehr schwer wieder loszuwerden, im Grunde gar nicht. Loswerden muss er sie aber wieder, weil sich zeigt, dass sie die Neigung haben, nicht an dem ihnen angewiesenen Platz zu bleiben, sondern ausgehend von ihm sich auszudehnen und nach Möglichkeit den ganzen Garten zu erobern, wie es die Art aller Unkräuter ist.

Manche koloniebildenden Pflanzen im Garten wie alle Arten von Weidenröschen oder Brennnesseln bleiben durchaus nicht an dem Platz, wo sie sich einmal entwickelt haben, sondern wandern mit der Zeit wieder, den Platz, an dem sie zuerst standen, in merkwürdiger Zerrüttung hinterlassend. Dem lieferte A. beiläufig die Begründung, diese Pflanzen täten von sich aus, was einer als Gärtner tut, wenn er die Beete wechselt, um seinen Pflanzen immer neue, möglichst unverbrauchte Standorte geben zu können. Sie gingen, meinte sie, von selber weg von dem Platz, wo sie eine Zeit lang gestanden und gewissermaßen abgeweidet haben.

Die traditionelle Betrachtungsweise nach dem Prinzip der Nützlichkeit (für den Menschen), auf welcher die bequeme Unterteilung in Kräuter und Unkräuter beruht, wird vor solchen Nutzpflanzen wie Pfefferminze und Comfrey, die noch im ärmsten Boden gut gedeihen, zuschanden. Ihre besondere Nützlichkeit als Kraut verdanken sie dieser wilden Urwüchsigkeit, die sie zugleich als üppigstes Unkraut im Garten nahezu unausrottbar macht.

So geraten in seinen Randzonen, in welche diese Pflanzen tunlichst verbannt bleiben sollten, die schön eindeutigen Kategorien ins Fließen, und die Begriffe lösen sich auf. Nicht nur wird neuerdings selbst von akademischer Seite die Einebnung des diskriminierenden Unterschiedes gefordert (so zum Beispiel der Münchner Forstwissenschaftler Prof. Ulrich Ammer, der sich davon einen »wichtigen Umdenkprozess« verspricht), sondern dem umdenkenden Gärtner, der es mit der Einebnung des Unterschiedes versucht hat, auf wenn auch mühsame, so doch anschauliche Weise eine Begründung dafür geliefert, an der ehrwürdigen Unterscheidung festzuhalten. So wogt alles hin und her, das Kraut wird Un, doch auch das Umgekehrte ist der Fall, bis schließlich keiner mehr weiß, woran er eigentlich ist.

Die hiesigen Bauern und Gärtner haben diese spitzfindigen Unterscheidungen ohnehin gar nicht erst mitgemacht. Sie wissen nichts von Kraut oder Unkraut, so dass sie die unterscheidende Vorsilbe längst gejätet haben. Sie nennen alles Kraut, was nicht ordentlich in Reih und Glied wachsen will, und spritzen es weg: Kraut!

Gewalt entscheidet, auch im Garten. Und das Wilde, sofern es hier überhaupt zu erscheinen Gelegenheit hat, erscheint gezähmt.

Zumindest wird es bekämpft, weil es sich dauerhaft nicht zähmen lässt. Das Jäten ist die Geste des Gärtners, mit der er sich des Wilden zu erwehren sucht. Und das Wilde, dessen er sich zu erwehren sucht, ist eigentlich immer bloß das Leben selber in seiner reinen, ungebrochenen Gestalt.

In jedem sich selbst überlassenen, das heißt aufgegebenen Garten setzt die Wildnis sich auf die Dauer durch. Allerdings dauert es wirklich seine Zeit, bis unter solchen Umständen jenes ausgewogene Verhältnis zwischen den natürlichen Kräften, das man unter Ökologen als Wildnis bezeichnet, sich eingestellt, besser, eingependelt hat. Andererseits ist gerade das Unordentliche, nämlich die Unausgewogenheit aller Verhältnisse das Charakteristikum der Wildnis, das Hin- und Herwogen der verschiedenen Kräfte und Wesen, die Quecke gegen die Goldnessel und das Weidenröschen gegen beide, alle gemeinsam aber gegen die hier angepflanzte Himbeere, die vor so viel unterirdischer Bedrängnis kurzerhand flüchtet und ihre Triebe aus der benachbarten Wiese nach oben sendet, wo sie allerdings dem Rasenmäher zum Opfer fallen.

Bestimmendes Merkmal des Gartens ist seine Einfriedung, die ihn von allem, was außerhalb ist, trennt, und sei es auch nur zu dem Zweck, dass innerhalb seiner Grenzen die Wildnis ungehindert wuchern darf. Es bezeugt sich in diesem Sachverhalt einmal mehr die alte Dialektik alles Aufklärerischen, nämlich ihr Verunklärendes, Verdunkelndes, dass die wahre Wildnis wild nur noch als Funktion der Historie ist, dass das wirklich Bedrohliche der Natur sich längst in der Zivilisation manifestiert, die dabei ist zu obsiegen und von allen Seiten gegen die letzten Inseln aus Natur und Wildnis im Meer des bürgerlich Geordneten anbrandet und auch sie noch weghaben will. In der Tat ist das Wilde inzwischen in seinem Bestand stärkstens gefährdet. Es muss geschützt und geradezu gehegt werden, während die Ordnung, das Gesittete, auf keine Weise mehr in seine Schranken zu weisen ist und gleich einem überlaufenden Gewässer alles Lebendige mit sich zu reißen und zu verschlingen droht. Bei uns kommt das Wilde als Ordnung und das Lebendige, wenn überhaupt noch, als deren Störung. In dieser Dialektik gilt es sich einzurichten. Nicht, um darin zu wohnen, um übrig zu bleiben. Nicht unbedingt als Wilder, aber lebendig.

Für die ersten beiden Wermutpflanzen, die ich erhielt, hatte ich einen besonderen Platz ausgesucht, sonnig und trocken und abgelegen, weil es hieß, Wermut wolle keine Gesellschaft und ließe alles andere Gewächs in seiner Nähe verkümmern. Die beiden Pflanzen, in unmittelbarer Nachbarschaft zueinander gesetzt, gediehen zunächst sehr gut; es entwickelten sich bald zahlreiche neue Wurzelaustriebe, und bis zum Herbst hatten sich die beiden Pflänzchen in ansehnliche Stauden verwandelt, die mir überreichlich von den silbrig graugrünen Blättchen und den gelben Körbchenblüten für einen bitteren, aber heilsamen Magentee spendeten.

Im nächsten Sommer zeigten sich an den beiden Stauden die ersten Läuse, merkwürdig blasse, schwarzgepunktete Tiere, die sich, soweit ich erkennen konnte, in die Stengel einzubohren schienen und häufig krampfartig mit dem übrigen in die Luft herausragenden Körper zuckten.

Ein Jahr später gab es sehr viel mehr von diesen Läusen, und noch ein Jahr später waren so viele Läuse auf den jungen Trieben der Pflanzen, dass diese nicht mehr wuchsen. Die Stengel waren schwarz vor Läusen. Sie blieben klein und dünn, und es entwickelte sich auch keinerlei Blütenansatz auf ihnen. Ich hatte im letzten Herbst den Läusen zum Trotz die Wurzelstöcke geteilt und die einzelnen Teile zwischen die Johannisbeerbüsche gesetzt, weil ich gelesen hatte, Wermut vertreibe gewisse Milben, die die Johannisbeerblätter befallen, welche anfangen sich zu kräuseln, harte Blasen auf der Oberseite bilden und endlich schrumpeln und vertrocknen. Ich weiß allerdings nicht mehr, wie es diesmal mit ihnen ausgegangen ist, aber die Wermutpflanzen kriegten jedenfalls die Läuse. Da sie sich dennoch ganz gut entwickelten, teilte ich die Stöcke noch einmal in der vagen, wenn auch trügerischen Hoffnung, die Läuse würden sich vielleicht verlieren, wenn die Pflanzen alleine zu stehen kämen, denn die Läuse verloren sich nicht. Vielmehr hatte ich sie nun mitsamt dem Wermut im gesamten Garten verbreitet. Der Wermut, immer wieder durch Stockteilung vermehrt, wächst längst nicht mehr so gut wie zu Anfang, aber Läuse, zumindest ein paar, hat er immer.

Und an dem ersten Wermutplatz ist es den Läusen inzwischen gelungen, den dortigen Bewuchs fast gänzlich zum Erliegen zu bringen. Die einst stattlichen Stauden erreichen höchstens noch ihre halbe Höhe, kommen nicht mehr zu Blüte und kümmern sichtlich. Ich überlege, ob ich nicht, um der Läuseplage Herr zu werden, den gesamten Wermut ausrotten muss.

Es ist ja offenbar so, dass die Läuse die Funktion haben, den Wermut im Garten niederzuhalten.

Seit ein paar Tagen nun werden die Läuse sichtlich weniger. So viele Marienkäfer gibt es gar nicht, dass diese sie gefressen haben könnten. Es sieht so aus, als wanderten sie aus. Oder als verschwänden sie ganz einfach.

Nun habe ich aber gerade gestern an den Wermutblättern seltsame gelbliche Larven, mit etwas Schwarz darin, entdeckt, die ich im ersten Augenblick für Kartoffelkäferlarven hielt. Es schienen aber überhaupt keine Larven zu sein, und mit denen des Kartoffelkäfers hatten sie bei näherem Besehen schon gar keine Ähnlichkeit. Soweit ich erkennen konnte, bohrten sich diese Tiere genau wie die Läuse mit dem Kopf in die Pflanzenstengel hinein, um daran zu saugen. Sie haben anscheinend überhaupt keine Beine, sondern bloß einen riesigen Hinterleib, den sie irgendwie hinter sich herziehen und den sie, gereizt, krampfartig zuckend in die Luft strecken. Sie sehen aus wie große, vollgefressene Zecken. Auf jeder Pflanze findet sich mindestens eins dieser seltsamen Tiere, meist sind es zwei oder drei, und ein Zusammenhang zwischen ihrem Erscheinen und dem Verschwinden der Läuse ist ganz offensichtlich, wenn auch in seinen Einzelheiten für mich nicht durchschaubar.

Jedenfalls sind einige Tage nach dem ersten Auftreten dieser Tiere, die ich inzwischen für Marienkäferlarven zu halten geneigt bin, nicht bloß die Läuse vom Wermut verschwunden, sondern hat auch sein Wachstum wieder begonnen. Auf den dünnen, ohne jegliche Verzweigung hoch aufgeschossenen Stengeln beginnen sich Blütenstände zu bilden, die ein paar Tage später voll in Blüte stehen.

Ist damit nun die Ordnung wiederhergestellt oder nur der Zustand, der mir, dem Gärtner, erwünscht ist? War der Befall der Wermutpflanzen durch die schwarzen Läuse eine Herstellung von Unordnung, oder war dies vielleicht erst das Auftreten der Marienkäferlarven, die sie vertilgten? Vermutlich ist die Frage falsch gestellt. Vermutlich gibt es von Seiten der Natur gar keine Unordnung, mithin aber auch keine Ordnung, die wiederhergestellt werden könnte, gibt es weder Rangordnung noch Vorrangstellung – weder einen Vorrang der Larven vor den Läusen noch einen solchen der Läuse vor den Pflanzen oder umgekehrt und erst recht nicht einen Vorrang des Gärtners vor allem anderen. Aus natürlicher Sicht ist nur Letzterer, der in den Lauf der Dinge eingreift und einen einzigen ihm genehmen Zustand herzustellen versucht, ein Störenfried, zumal ja inzwischen auch niemand mehr in Sicht ist, der als natürlicher Feind des Gärtners dessen Wirken zunichtemachte, es sei denn die früher erwähnte Vogelmiere oder eben das gesamte natürliche Wirkungsgefüge selber, das wächst, wie es will, und das immer dazu tendiert, sich innerlich fortzubewegen und jeden einmal erreichten Zustand, sei er künstlich hergestellt oder natürlich gewachsen, alsbald wieder zu verlassen.

Doch wer weiß, vielleicht ist nicht einmal der Mensch und Gärtner im Wirkungsgefüge der Natur ein Störenfried. Vielleicht ist er nicht anders als die kleine schwarze Laus am Wermut.

Der neuerdings in Gebrauch gekommene Begriff des ökologischen Gleichgewichts droht ein falsches Bild zu vermitteln, wenn er nämlich statisch verstanden wird, als gebe es natürlicherweise einen solchen Zustand, wo widerstrebende Kräfte sich gegenseitig aufheben und, nachdem die Larven die Läuse gefressen haben, gewissermaßen die Ruhe einkehrt, in der der Wermut wieder wachsen und gedeihen kann. In Wirklichkeit ist dieser zuletzt erreichte Zustand permanent bedroht, weil irgendwo immer eine Laus übrig bleibt und nur darauf lauert, den Vorgang zu wiederholen, obwohl sie nichts weniger im Sinn hat als den Wermut zu schädigen. Sie ernährt sich bloß von ihm, um die Art von schwarzen Läusen, zu der sie gehört, zu erhalten. Und dasselbe gilt von den Marienkäferlarven, denen das Wohl oder Wehe des Wermuts schnurzegal ist und die Vertilgung der Läuse mitnichten ökologischer Zweck, sondern nichts als physiologische Notwendigkeit, weil sie ganz einfach entsetzlichen Hunger haben und die Arterhaltung der Marienkäfer an oberster Stelle steht in ihrem Programm.

Was an diesem Kräftespiel Gleichgewicht genannt werden darf, ist gleichgewichtig allenfalls symbolisch, denn die Ausrottung der schwarzen Läuse, so erwünscht sie dem Gärtner in Ansehung des Wermuts sein mag, wäre eine Katastrophe nicht nur für die Läuse, sondern auch für die Marienkäfer, deren Larven von ihnen leben.

Von ihrem Gedeihen hängt mithin nicht bloß das des Wermuts ab, sondern auch das der Läuse selber. Sofern Larven, Läuse und Wermut sich gegenseitig in einem Verhältnis halten, das den Bestand aller drei Arten gewährleistet, mag von ökologischem Gleichgewicht die Rede sein, obwohl dieses Gleichgewicht nicht nur ständig bedroht, sondern auch allein durch seine ständige Störung überhaupt erst hergestellt wird. Nur weil die Läuse den Wermut bedrohen, finden die Larven Läuse zu fressen, und nur weil die Larven die Läuse fressen, kann der Wermut gedeihen, und nur, wenn dieses der Fall ist, gedeihen die Larven, gibt es genügend Marienkäfer, und wer weiß, welcher Vogel diese an seine Jungen verfüttert oder selber frisst. Vielleicht der Grauschnäpper, dieser unscheinbare kleine graue Vogel, der das Verhalten des Habichts mit dem eines Falken verbindet und von einer freistehenden Warte aus, auf die er alsbald zurückkehrt, seine Beute im Fluge schlägt.

Ein ökologisches Gleichgewicht gibt es, um das zu Ende zu bringen, allenfalls in sehr weiter Perspektive, in der die Gesamtheit aller wirksamen Kräfte sich zur Summe Null addiert, das einzelne Element des Wirkungsgefüges aber, die einzelne Kraft, für sich genommen jederzeit bestrebt ist, Ungleichgewicht herzustellen. Als fraktales Objekt betrachtet ist diese Kraft in einer Art von perspektivischer Verkürzung eine vollständige Wiederholung des gesamten Systems, von dem sie ein Element ist. Auch die Summe seiner Wirkungselemente ist Null, und mithin steht es, als System genommen, ebenfalls im Gleichgewicht. Und so fort. Ökologisches Gleichgewicht ergibt sich also, wie es scheint, immer nur als Summe von widerstreitenden Kräften, deren jede in sich selber ebenfalls gleichgewichtig ist und dennoch die Tendenz hat, das Gleichgewicht des Ganzen zu stören.

Seit ich – der Deckung und Nahrung für die sechs jungen Igel wegen – im vorigen Sommer aufgehört habe, die Graswiesen beim

Gemüsegarten zu mähen, hat sich auf ihnen eine üppige Vegetation entwickelt. In diesem Jahr zeigt sich nun, wie der Grasbewuchs sich verändert, wenn er sich selbst überlassen wird. Eine Wiese, die auswächst, setzt sich auf ungeahnte Weise in Bewegung. Der homogen grüne Flor verwächst zu Büscheln von Ampfer und zu Horsten von Sauergras und Fuchsschwanz, die im Herbst verdorren und den Boden verhüllen als welke Decke, aus der im Frühjahr merklich gedämpfter keimt. Die aber jedenfalls Insekten und Mäusen Deckung bietet und eine Art Plattform für die kleinen schwarzen Krabbenspinnen, welche auf ihr sprungartige, scheinbar regellose Bewegungen ausführen. In diesem Sommer sehen die Flächen schon sehr viel urwüchsiger aus als noch im letzten.

Damals konnte das Gras zum ersten Mal auswachsen und Blüten bilden, und mich überraschte vor allem die Vielfalt der verschiedenen Grasarten auf dem relativ kleinen Stück. Sie sind recht schwer zu bestimmen, vor allem deswegen, weil die Graspflanze in ihrer Blühphase kein einheitliches Bild bietet. Die Blütezeit der Gräser dauert unter Umständen mehrere Wochen, und während dieser Zeit verändert die Blüte allmählich ihr Aussehen. Es kann vorkommen, dass sie – vorher oder nachher – nur noch eine entfernte Ähnlichkeit mit sich selber während des Stadiums hat, in dem sie fürs Bestimmungsbuch aufgenommen wurde, was ihrer Bestimmung nicht eben förderlich ist. Die Bestimmung der Gräser ist ein Spielchen für Spezialisten; denn kein Laie wüsste jemals mit Sicherheit anzugeben, in welchem Stadium des Er- oder Verblühens ein Gras sich gerade befindet, was Verwechslungen mit anderen Gräsern, von denen er es ebenso wenig weiß, sehr begünstigt.

In diesem Sommer ist ein deutlicher Rückgang der Grasvegetation zu bemerken, richtiger: eine Umwandlung. Der Teppichcharakter eines regelmäßig gemähten Rasens ist verschwunden.

Die Gräser wachsen nun in Horsten, und das sehr kräftig und ausgeprägt, gleichsam konzentriert auf bestimmte Standorte, aber zwischen diesen Horsten geht das Gras zurück, kommen andere Pflanzen auf. Zur Zeit ist es vor allem der Scharfe Hahnenfuß, auch Butterblume genannt, der gerade ausblüht und stellenweise schon dabei ist zu verwelken, nachdem er zuvor den Löwenzahn überwachsen hat, der mit seinen gelben Blüten im späteren Frühjahr das Erscheinungsbild der Wiesen bestimmt.

Doch erst an hochsommerlich heißen Tagen zeigt sich so recht, was für eine unglaubliche Vielfalt von Lebensformen und Lebewesen der Garten hervorbringt, selbst wenn man das meiste davon gar nicht zu sehen bekommt. Das sind ja keineswegs allein die Pflanzen, die seine Vegetation ausmachen, sondern dazu gehört auch alles mögliche Getier, dessen Existenz an gerade diese Pflanzen gekoppelt, und alles mögliche andere Getier, das wiederum an dieses Getier gekoppelt ist. Da vergeht keine Sekunde, buchstäblich keine, an diesem frühen Nachmittag auf der Terrasse, dass nicht irgendein Wesen fliegend mein Gesichtsfeld durchquert, seis Fliege, Wespe, Biene, Hummel, Falter, Libelle oder – Vogel.

Besonders die Falter haben in diesen Tagen, da die Wildkräuter wie das Große Weidenröschen und der Alant blühen, fast schlagartig zugenommen. Ich habe längst hinsichtlich der aufkommenden Vegetation, erst recht aber hinsichtlich des damit verbundenen Getiers, den Überblick verloren und meine vorjährigen Versuche einer möglichst vollständigen Bestandsaufnahme der auf diesem Grundstück vorkommenden Pflanzen aufgegeben. Ohne Gemüse und Küchenkräuter bin ich auf circa 180 Arten gekommen, und dabei sind weder die Moose noch auch nur die Gräser mitgezählt. Schon bei den Gräsern, die sich der Betrachtung ja nicht entziehen können (Aber stimmt das überhaupt? Sie entziehen sich vielleicht eher durch Langsamkeit. Sie rennen nicht weg, sie schleichen davon. Sie entziehen sich beispielsweise auch dadurch, dass ihre Blüten eine sehr lange Entwicklung durchlaufen, wobei sie permanent ihre Gestalt verändern, ich möchte fast sagen: untereinander tauschen, um sich der Bestimmung zu entziehen.), hat mich mein taxonomischer Ehrgeiz stillschweigend verlassen.

Obwohl ich das Benennen beziehungsweise das Herausfinden oder Finden oder zur Not auch Erfinden der Pflanzennamen als einen Vorgang der Inbesitznahme erlebte, der mir die Dinge näher brachte und vertrauter machte. Auch meine Unkenntnisse. Ich lief also mit den Bestimmungsbüchern im Garten herum und führte lange Listen, wobei sich sehr bald zeigte, dass, wenn man damit erst einmal anfängt, damit auch kein Ende mehr ist. Buchstäblich in jeglicher Richtung geht es weiter, immer größer oder immer kleiner. Oder immer anders. Und neue und immer genauere Bestimmungsbücher, die irgendwann hermussten, machten, dass des Bestimmens erst recht kein Ende und Aufhören mehr war.

Aus meinem anfänglichen Versuch einer Bestandsaufnahme des Vorhandenen auf unserm Grundstück wurde ein unendliches Unternehmen. Nirgends Grenzen: Gräser, Moose, Flechten, selbst die Kräuter wurden immer kleiner. Und im Herbst entwickelte sich über Nacht ein ganz neues Wissensgebiet in Form von Pilzen aller Art. Bei ihnen, aber auch sonst ließen sich die Lebensbereiche bald nicht mehr fein säuberlich trennen. Es gab Pflanzen, die auf trockenem Boden wuchsen, und solche, die im Wasser wuchsen. Manche aber kaprizierten sich auch auf einen Zwischenbereich, der weder richtig trocken, noch richtig nass, vielmehr abwechselnd mal dies, mal jenes war.

Meine anfänglich gute Hoffnung, die selbstgestellte Aufgabe, die mir zunächst als recht einfach erschienen war, einem vorzeigbaren Ergebnis zuzuführen, erlahmte angesichts solcher das Offensichtliche relativierenden Befunde. Gar nicht zu reden von den fliegenden, schwimmenden, laufenden, kriechenden oder sonst wie wimmelnden Insekten, die ich, wollte ich sie verlässlich bestimmen, fangen, töten und mit der Lupe untersuchen müsste. Doch ich freue mich an ihrer Lebendigkeit, und um ihres Daseins willen lasse ich ihre Bezeichnung inzwischen dahingestellt. Selbst die Vögel, die ebenfalls immer mehr werden (was angesichts des konstatierten Sachverhalts weiter auch kein Wunder ist), scheinen es darauf anzulegen, mich zu narren. Es wird mir nur dann gelingen, sie zu identifizieren, wenn ich lerne, ihre Stimmen zu unterscheiden und im Gedächtnis zu behalten. Zu sehen sind sie gewöhnlich nur für den Bruchteil einer Sekunde im Flug von einem Busch in den andern Baum.' Und dabei entwickeln sie das Talent, sich immer gerade außerhalb der Sicht des Betrachters aufzuhalten – als rechneten sie mit ihm.

Heut im Garten oder im Luftraum über ihm mit Bestimmtheit: zwei Störche, Bachstelzen, Turmfalke, Grauschnäpper, Zaunkönig.

Doch weiß ich nicht so recht, ob ich den Moschusbock, einen großen länglich schlank blauschwarzen Käfer mit Fühlern, die länger sind als er selber, hier im Garten begrüßen soll. Ich habe ihn beziehungsweise zwei von ihnen auf einer Salweide gefunden, wo sie sich allem Anschein nach paarten. Die Larven des Moschusbocks leben vom Mark der Weiden, ähnlich wie der Weidenbohrer, den ich, wie gesagt, unnachsichtig verfolge, weil er die Weiden nicht bloß schädigt, sondern umbringt. Mir sind im vorvergangenen Jahr wieder einmal die Weiden reihenweise vom Wind abgeknickt worden, als sei es ökologisch die Aufgabe des Weidenbohrers, das Aufkommen von Weidenbäumen in der Gegend zu verhindern oder doch zumindest in engen Grenzen zu halten, warum auch immer, wodurch sich aber jedenfalls der Weidenbohrer selbst in engen Grenzen hält. Der ja als Weidenschädling erst hervorgetreten ist, seitdem ich hier in großer Zahl Salweidenstecklinge gesetzt habe.

Vielleicht habe ich den Fehler gemacht und zu viele Weiden gesetzt. Zu viele für den vorhandenen Raum, so dass sich so etwas wie Stress zwischen ihnen entwickelt hat, was ihre Abwehrkräfte schwächt und den Angriff des Weidenbohrers begünstigt.

Wort und Begriff Öko-Zelle, als ichs zum ersten Mal hörte, konnte es bei mir einen Lacherfolg verzeichnen. Bevor ich begriff, dass es ein ernstgemeinter Vorschlag war, sah ichs im Knast. Jedenfalls beruht es auf der Vorstellung von einer begrenzten Menge, davon aber in grenzenloser Vielfalt. Vielleicht ist die Frage, ob sie geschlossen sind oder offen.

Heut Morgen steckte im Komposthaufen ein toter Igel, der sich anscheinend dahin verkrochen hatte, um zu sterben.

Er hatte den Kopf zwischen verdorrte Halme und lose Erde geschoben wie um zu verschwinden, aus der Welt, oder in der Welt unterzugehen, kaum zu erkennen. Die stachlige Halbkugel des übrigen Körpers ragt in halber Höhe aus dem Hügel hervor, auf den sich das Tier mit seiner letzten Kraft geschleppt haben mag.

Vielleicht hat es ganz auf den Gipfel gewollt. Doch als es spürte, es werde ihn nicht erreichen, muss es versucht haben, an Ort und Stelle wegzutauchen, sich einzugraben. Dabei ist es gestorben.

Nachher den ganzen Tag im Garten. Wie schon gestern habe ich Bäume beschnitten. Es ist mir gut dabei gegangen, ergangen. Ich habe auf der Südseite vor dem Nadelwäldchen die Weiden gestutzt, um den Fichten Luft zu verschaffen und Licht, was sie zum Teil bitter nötig haben: braune Nadeln und verkahlte Äste. Die Bäume stehen zu dicht.

Zwischen ihnen, die einzelne Kiefer, schafft um sich herum eine Art Lichtung. Sie kann nicht in einem Nadelgehölz stehen, es sei denn darüber. So entwickelt die übliche Rotkiefer (Pinus sylvestris) auf einem hohen schlanken Stamm ihren dürren Schirm, der nichts unter sich duldet. Kiefern lassen nichts unter sich aufkommen als höchstens ein dünnes grünes Vlies.

Die beiden Holunder auf der Südseite, die den Wacholder zwischen sich genommen haben, bin ich mit der Motorsäge angegangen. Jetzt ist da, wo vorher Holunder war, ein großes Loch entstanden. Der ist auf seinen Platz verwiesen, und die Fichten bekommen, wie auch der Wacholder, wieder Licht. Für die Äste mit braunen Nadeln allerdings zu spät. Dies Loch wird bleiben.

Dabei versuche ich rauszukriegen, was die vielen Wesen im Garten wollen, um es ihnen zu geben oder um ihnen sonst wie behilflich zu sein, es zu kriegen. Meine Methode, allen Baumschnitt Jahr für Jahr aufeinander zu schichten und nach unten hin verrotten zu lassen, ist ein sehr langer und langsamer Weg, den Boden zu verwandeln. Inzwischen ist das Gras auf dem Weg unter den Birken stellenweise am Ausgehen. Die Halme werden immer kürzer, um endlich zu verschwinden. Im Rondell dagegen wird das Gras vom Moos verdrängt, wenigstens zeitweilig. Doch im Sommer versinken die Moose im Aufwuchs der Gräser, deren welke Reste im nächsten Frühjahr vom neuen Moos begraben werden. Unter den Fichten sind die Gräser fast ganz verschwunden bis auf einzelne dünne Queckenhalme auf dem Rückzug, ansonsten nur Brennnesseln und Belladonna, dünne Farne.

Insgesamt, das Grundstück wird langsam feucht. Nicht moorig, sondern sumpfig. Könnte sein, dass ich mir statt eines Waldes einen Bruch angelegt habe. Ich möchte aber Bewuchs und Licht ins Verhältnis bringen. Wohin das Licht kommt, dahin kommt auch der Wind, und dort ist der Boden eine Spur trockener als ringsum. Dem Gemüsegarten mache ich es mit dieser Methode nicht eben leicht; denn von allen Seiten der Welt brandet gegen ihn die Wildnis, die sich immer Einlass zu verschaffen weiß und die, setz ich mich nicht zur Wehr, ihn sich binnen kurzem einverleibt haben wird.

Es kommen Menschen vorüber, eine Familie zu Fahrrad übern Westerweg, ein junges Paar mit Kinderwagen auf dem Sandweg, von der Hündin wüst verbellt. Ich grüße hinüber und pfeife nach Anka, die immer wieder ausreißt und dem Pärchen hinterherrennt, um weiterzubellen. Sie hat zwar bisher niemanden ernsthaft gebissen, doch wie sie sich zum Bellen aufbläst, das reicht zum Sich fürchten schon aus: mit gesträubter Bürste auf Nacken und Rücken und mit nach vorn gespreizten Vorderläufen, als halte sie sich selbst nur mit Mühe zurück. Und dann springt sie wieder bellend mit gesträubten Haaren neben den jungen Leuten her, die mit ihrem Kinderwagen auf dem Sandweg ohnehin identifiziert genug sind.

Für Anka war dies eine Belebungskur. Vorher hatte sie nicht nach draußen gewollt, doch nachher war sie dann fleißig mit Schnüffeln unterwegs. Dies war so ein Tag, an dem ich schließlich alles Schreiben und das Buch vergessen habe, so voll ist er gewesen. Und erst am Abend vor meinen Papieren fang ich an zu überlegen, was heute eigentlich gewesen ist.

An einer der südlichen Weiden fanden sich in gut 50 cm Höhe überm Boden mehrere breite, konisch ins Stamminnere verlaufende Löcher, zum Teil frisch im Holz. Dabei fällt mir ein, dass A. im Garten einen Buntspecht entdeckt hat. Ich mochte es zuerst nicht glauben. Doch dann sah ich ihn selber. Er war bisher höchstens im Winter mal erschienen, um an der Meisenkugel zu hacken. Den Ton allerdings, dessen Urheber ich nun zum ersten Mal sah, hatte ich schon öfter gehört, ohne ihn jemandem zuordnen zu können. Anscheinend hat also der Weidenbohrer doch einen natürlichen Feind, nämlich unsern Buntspecht, der im Winter seinen Gängen nachspürt und auf seine Weise dazu beiträgt, dass die Weiden den Halt verlieren und irgendwann unterm Wind brechen.

Später dann, nach einem halbherzigen Versuch mit der Handsäge, bin ich den westlichen Ahorn mit der Motorsäge angegangen.

Ich musste sie allerdings erst aus der Werkstatt holen, und bei meiner Rückkehr zeigte sich aus dem Schnitt von der Handsäge bereits ein breiter Strom Saft, der am Stamm hinablief. Wider besseres Wissen hab ich dann doch noch voll zugeschlagen und den Busch auf gut einen Meter heruntergeschnitten. Nun bleibt abzuwarten, wie er das verkraftet. Ob als Busch oder ob überhaupt.

Dass ich trotz eines innerlichen Schauders angesichts des aus der Sägewunde hervorströmenden Saftes noch die Motorsäge angesetzt (und mit ihr erst die richtigen Verheerungen angerichtet) habe, kann ich mir eigentlich nur mit der außerordentlichen Effektivität dieses Geräts erklären, das allen Bewuchs mit wenigen mühelosen Bewegungen absäbelt. Die Betätigung einer Handsäge würde dagegen eine beträchtliche Mühe bedeuten, über der einem auch für das Bedenken Raum bliebe, was man da eigentlich anrichtet. Die Motorsäge hat ihr Werk bereits getan, ehe man auch nur zu der Überlegung angesetzt hat, dass man mit ihr etwas anrichten könnte. Gegen diese neuartigen Werkzeuge kommt man mit der herkömmlichen Arbeitsweise, die dem Denken während des Vorgangs (also während des Umgrabens, Jätens oder Sägens) Raum zur Entfaltung gewährt, in der Regel zu spät. Wer dem Denken hier überhaupt noch Raum zuzugestehen bereit ist, muss es vor dem Ansetzen des Gerätes erledigt haben, weil ihm danach dafür keine Zeit mehr bleibt.

In Hinsicht des allgemeinen Frühlingsgetues und -geturtels rings umher, das in diesem Jahr schon außergewöhnlich früh – Mitte Februar – eingesetzt hat, eigentlich spät: heute die ersten größeren Züge Gänse in Richtung Osten, sehr hoch.

Durch die große Entfernung kam ihr Schrei gewissermaßen gefiltert bei mir an. So konnte ich hören, dass der Schrei, mit dem so ein Schwarm kommt und geht, sich aus den vielen einzelnen Schreien zusammensetzt, die jede einzelne Gans ausstößt, sobald sie fliegt. Das Schreien der Gänse beim Fliegen ist dem Lied der Lerche vergleichbar, das diese beim Aufstieg, bis sie im Scheitelpunkt ihres Fluges gleichsam steht, hervorbringt. Es hat den Anschein, als seien das Fliegen und das Singen zwei gekoppelte Funktionen, die beide der Bewegung, dem Ortswechsel, dienen. dass auch der Gesang dem Vogel zum Weiterkommen dient, ergibt sich aus der Tatsache, dass ein Vogel, dem das Singen genommen ist, auch nicht fliegt. Er bleibt, wo er ist, stehen. Lässt sich greifen. Manche, denen das Sehen genommen ist, singen aber auch ohne zu fliegen.

Die letzten drei Tage der Arbeit im Garten nach der langen winterlichen Untätigkeit haben mich in meinen Körper zurückgeprügelt, dass er jetzt ächzt und quietscht. Dennoch auch Entdeckungen gemacht.

Zum Beispiel die von fast reifer Komposterde inmitten eines Haufens von nur zum Sammeln gelagertem Material mit viel trockenfaserigem Zeug darin. Den aus dem faserigen Anteil gebauten neuen Komposthaufen, nehme ich mir vor, künftig als eine Art Ofen zu betreiben, der sehr langsam brennt und statt Asche Humus produziert. Er ist nach innen hin offen und kann von oben her mit alle Zeit anfallenden Küchenabfällen beschickt werden. Die Hitze kommt von innen. Entsteht bei der Verwandlung der aus Erde gewachsenen Materie zurück in Erde durch Bakterien, die das eine fressen und das andere ausscheiden.

Die reife Erde kommt, nass und klebrig wie sie noch ist, unter die Schwarzen Johannisbeeren, die es gerne feucht haben. Um die Feuchtigkeit zu halten, decke ich die Erde mit Stücken von ausrangiertem Strohteppich zu, die bald selber feucht werden und sich von unten her langsam zersetzen.

Es ist jetzt die Zeit, die im letzten Herbst versäumten Arbeiten nachzuholen; momentan ist auch das Wetter für solche Zwecke optimal. Habe gestern einen großen Teil des Tages damit verbracht, meine dreißig jungen Kiefern, inzwischen vierjährig, nach Ort und Stelle auszupflanzen, wo sie dann bleiben können. Habe sie, sämtliche 20 oder 23, die noch übrig waren, mit möglichst großem Ballen ausgegraben und auf einigen Abstand zwischen die Fliederbüsche und sonstiges Gestrüpp auseinander gepflanzt. Zugleich mag dies auch mein letzter Versuch sein, die allgegenwärtige Quecke auszurotten, weil die Kiefer, die nach meiner Beobachtung in ihrer Jugend gern und unbeeinträchtigt zwischen Quecken steht und sich von ihnen wohl auch überwachsen lässt, späterhin nichts Grünes mehr unter sich duldet, indem sie mit ihren abfallenden Nadeln allmählich den Boden verwandelt. Auch die Quecke verschwindet dann.

Heut war es kühler, jedoch auch sehr viel trockener als gestern, dazu ein stetiger Westwind. Ich bin fröstelnd hin und her gerannt, hab alles Mögliche angefangen und bin dann doch bald zum nächsten übergegangen. Habe die Heckenrosen im Südgarten gerodet, Staudenstrünke eingesammelt und auf meinen neuen Komposthaufen geschichtet. Eigentlich hatte ich vorgehabt, unter den Schwarzen Johannisbeeren zu jäten, doch der Boden war noch zu nass und zu kalt. Also hab ich stattdessen ein bisschen unter den jungen Fichten an der Straße gescharrt, die im Übrigen sehr schlecht aussehen, hab die wilden Brombeeren, die sie Jahr für Jahr unter sich begraben, ausgerissen und trockene Queckenhalme, Pappelblätter und kleine Erlenzweige aus den Asten geschüttelt, damit die noch übrigen Nadeln Licht und Luft bekommen und das Kohlenmonoxyd von der Straße, das sich sonst vor ihnen staut, nach unten hin abfließen kann.

Im Grunde war dies alles nichts weiter als die widerstandslose Hingabe an einen planlos-blinden Betätigungsdrang, der sich im Zuge des bereits erwähnten allgemeinen Frühlingsgetues, das offenbar nun auch mich erfasst hatte, gegen das bessere Wissen durchsetzte, das mir sagte, an einem solchen Tag voll innerlichen Fröstelns sei es zuträglicher, zu ruhen oder sonst wie die Dinge von innerhalb des Hauses aus anzugehen, und sei es, um sie zu betrachten.

Ich meine, ich hätte, anstatt nur kopflos herumzuwieseln, auch schreiben können, am Gartenbuch arbeiten. Doch wie die Dinge sich zurzeit anlassen, läuft alles zunehmend weniger aufs Schreiben hinaus, immer mehr aufs Machen von dem, über das zu schreiben wäre, nämlich das Machen des Gartens und seine Entwicklung unter meinen Händen. Und sei es als Buch. Samt allen Verhinderungen und Misserfolgen. Im Garten und auch sonst.

Den Wind auf den Wangen zu spüren oder zu schreiben, wie es war, den Wind auf den Wangen zu spüren. Die Differenz zwischen dem Ereignis und seiner Beschreibung betrifft nicht die Authentizität oder Unmittelbarkeit. Das Schreiben ist selbst ein Ereignis eigener Art, authentisch und unmittelbar. Dennoch gilt, was ein neuerdings gern gebrauchter intellektueller Gemeinplatz versichert: Eine Landkarte ist nicht das Territorium. Oder anders gesagt: Probieren geht über Studieren.

Um schreiben zu können, wie es gewesen ist, den Wind auf den Wangen zu spüren, und was es war, muss ich den Wind auf meinen Wangen verspürt haben. Dabei muss ich anwesend gewesen sein, muss ich die Wahrnehmung nicht bloß gehabt, muss ich sie registriert und verarbeitet und in die Wörter verwandelt haben, die ich aufschreibe, um festzuhalten, was nicht mehr ist als die Erinnerung einer flüchtigen Erfahrung, damit es aufbewahrt und weitergegeben werden könne. Dies leise Streichen des Windes mir durchs Gesicht, kühl, und die Haut über den Wangenknochen gespannt, während milde ein graues Licht, das irgendwie alle sichtbaren Dinge erleuchtet, die Welt weichzeichnet. Der Himmel und die Erde, alles, was sichtbar ist, die Wiesen, die Wolken, alles ein einziges milchig leuchtendes Grau. Bis hierhin könnte ich nicht schreiben, wäre ich nicht vorher dort in Person gewesen. Das Schreiben ist eine Art von Leben, aber das Leben geht vor.

Wie oft schon, dass ich mich ins Gras gesetzt habe, an den Rand eines Grabens oder vielleicht eines Baches ohne erkennbare Strömungsrichtung, in der Erwartung, dass ES passieren werde, jetzt gleich, hier vor mir, dass es Vorbeigehen werde, doch nicht, ohne sich mir gezeigt zu haben, und über meine Erwartung das zu verpassen gedroht habe, was schon da war und sich auch zeigte, wie zum Beispiel über der Formulierung und Fassung dieses Gedankens in meinem Geist die Wiesenweihe vor meinen Augen, die ich hier am Göschedeich bei den drei Eschen noch nie gesehen habe und die ganz gewiss kein Mäusebussard war, wie sie ziemlich niedrig über dem Boden auf die Fichtendickung zu gestrichen kam, sich über sie erhob, dann einen Bogen um mich und den Hund schlug und erst in einiger Entfernung hinter uns sich dem Lauf der Gösche wieder näherte, dem sie dann in leicht schaukelndem, gaukelndem Flug folgte. Ich sah die hell graue Unterseite mit den fast schwarzen Flecken an den Spitzen der gefingerten Schwingen. Das Männchen der Wiesenweihe.

Anderntags im Beerengärtchen, um zu jäten. Bevor ich unter den Büschen die über Winter entstandene Komposterde ausbreite und diese mit den alten Strohteppichen bedecke, muss nachgeholt werden, was ich im letzten Herbst versäumt habe, das Jäten.

Ich kann mich nicht erinnern, durch diese Tätigkeit irgendwohin gekommen zu sein, außer zu schmerzenden Füßen und schmerzenden Hüften. Doch auch der Weg dahin muss durch etwas Leeres geführt haben, durch irgendeine Art von Nullpunkt, denn ich kann mich nicht erinnern, wie ich hierhergekommen bin. Ich erinnere mich an nichts, das mir durch den Kopf gegangen sein könnte. Nichts oder alles, das übliche Geschwätz, allgegenwärtig und nichtssagend, das die Wirklichkeit aufrechterhält, die auf der Stelle zusammenbrechen würde, schwiege es jemals stille.

Das Jäten im Beerengarten ist immer noch wie ganz zu Anfang, als ich die Grasnarbe zwischen den noch zarten Beerenbüschen mit bloßen Händen aus der Erde riss, um den Boden freizulegen. Es hat sich dann in all den Jahren gezeigt, dass dies ein Fehler war, weil die nackte Erde sehr rasch austrocknet und steinhart wird, wird sie nicht durch einen natürlichen Bewuchs bedeckt und gleichmäßig feucht gehalten.

Doch zurück zur Quecke will ich auch nicht, zumal diese auch ohne mein Zutun zur Wiederkehr tendiert. So habe ich auch den Nachmittag mit Jäten im Beerengärtchen zugebracht. Die angesagten Regenschauer sind ausgeblieben. Nur diesige Luft ist gekommen, hinter der manchmal die Sonne hervorschaut und schwächlich scheint. Bringt dennoch ein bisschen Licht und Wärme. Dazu ein frischer Wind aus Westen.

Das Jäten gestaltete sich auf dem westlichen Ende des Beerengartens zu einem Versuch, es mit dem Schöllkraut aufzunehmen, um es zu vertreiben, das heißt es auf diesem Stück auszurotten. Ich weiß allerdings, dass dies nicht gelingen wird. Es ist ein Kraut mit einer ähnlichen Stengelbeschaffenheit wie beim Schlafmohn. Daher auch die dem gelben Milchsaft des Schöllkrauts nachgesagten, dem Opium ähnlichen Wirkungen und Kräfte dieser Pflanze, die nach ihrer Erscheinung zum krautig aus einem Zentrum Wuchernden tendiert. Es hat in den zehn Jahren, seitdem ich es hier angesiedelt habe, und zwar als Bremse gegen ein aus dem Graben heraufrankendes Kraut, die dieses spielend durchdrang, die gesamte freie Fläche zwischen den Johannisbeerbüschen in Besitz genommen. Auf welche Weise, zeigte sich beim Versuch, die Wurzeln zu jäten, aus denen es sonst bei nächster Gelegenheit unweigerlich wieder keimen wird. Aus einem dichten Gewirr dünner Wurzelfäden, das sich im Lauf der Zeit mit den Fäden der Nachbarwurzeln zu dichten, circa fünf cm dicken Wurzelpolstern verwoben hat, die von unten her die Erdoberfläche bedecken. Alle Zeit bohrt sich aus diesem Polster eine Pfahlwurzel in die Tiefe, die den Kontakt dieses Wesens zu größeren Tiefen herstellt.

Auf seine Weise leistet das Schöllkraut zuletzt der Anarchie in diesem Teil des Gartens Vorschub, was ich auf die Dauer nicht dulden kann, wenn ich zu dem Meinen kommen will. Mein heutiger Versuch, das Schöllkraut zu jäten, entpuppt sich als Folge eines ahnungslos irgendwann einmal eingeschlagenen Irrweges.

Ich hätte wohl besser getan, mich ohne zu jäten allein mit der Bedeckung des Bodens durch die alten Strohteppiche zufriedenzugeben. Jetzt bin ich dabei, eine einzigartige, sich selbst entwickelnde Vegetation von Kerbel, Schöllkraut, Wermut, Kamille, Schafgarbe und Kümmel bloß wegen der Johannisbeeren, die durch sie überhaupt nicht gestört werden, umzubringen. Und das einzig wegen einer irgendwo in meinem Hinterkopf versteckt angesiedelten Vorstellung von einem ordentlichen Garten, die ich sonst Stirn genug habe, bei jeder Gelegenheit öffentlich zu verhöhnen. Es ist nicht zu fassen! Und abends stöhn ich noch, weil mich von des Tages Arbeit die Glieder schmerzen.

Dies alles ist mir jetzt erst beim abendlichen Schreiben aufgefallen, über alles das, was ich heut gemacht habe, nicht schon beim Machen. Und das ist auch wieder typisch!

Am Tag danach bin ich mir plötzlich gar nicht mehr sicher, ob das wirklich alles so saublöd war, was ich gemacht hatte, wie es mir schien. Es sitzen zwischen den erwähnten Kräutern eine Menge Sauergräser, Gänseblümchen, Löwenzähne mit starkem Hang zur Vermehrung, und es könnte leicht so werden, dass die Unkräuter die andern Kräuter auf die Dauer unterjochen.

Es ist dann auf einen Kompromiss hinausgelaufen (»Wie immer«, hör ich A. sagen). Ich habe am westlichen Ende den Kräuterbewuchs stehengelassen und nur die »Un«Kräuter wie Gänseblümchen, Gräser und Miere auszureißen versucht, sodann den östlichen Teil zweireihig mit Komposterde versorgt und darüber nun endlich die mehrfach vorerwähnten Strohteppiche als Bodenbedeckung ausgelegt. Der westliche Teil soll bleiben, wie er nach meinem Jäten zurückgeblieben ist, sich selbst überlassen, damit sich zeigt, was sich mit einer lebenden Bodendecke tut. Werde dennoch die beiden Schwarzen Johannisbeeren auf diesem Stück mulchen müssen, weil vorauszusehen ist, dass sie andernfalls rasch austrocknen werden.

Mir ist beim Jäten ein endloses Durcheinander von Gedanken und Bildern im Kopf herumgegangen. Nicht wie ein abgespulter Faden, sondern eine Vielzahl loser Fädchen und Fäserchen, büschelweise, die sich in den Boden krallen, um sich in der Welt festzuhalten. Manche senden von einem Zentrum aus eine sehr große Anzahl kurzer dünner Fäden in die Tiefe, und das heißt eben nicht gerade tief, die – herausgezogen und von der anhaftenden Erde befreit – etwas Bärtiges haben, jedenfalls Bartartiges. Andere senden lange, einzelne, um einiges dickere Fäden horizontal durch Boden und Zeit, aus der sie, als Taktstriche einer langen Melodie, hin und wieder einen Halm nach oben hinaus ans Licht stecken, als Sonde in ein fremdes Medium aus Licht und Luft. Jedes dieser Gräser und Pflanzen bedarf eines eigenen Verhaltens, um unbeschädigt aus dem Boden gelöst zu werden, und meine Beobachtungen dabei gehen mit Versuchen einher, das Beobachtete zu formulieren, es in Wörter zu setzen, Formeln zu bilden, die angewandt werden und immer gelten. Und ich versuche, zwischen meinen Wörtern eigentlich irgendwas festzuhalten, das ich gesehen habe und das des Aufhebens wert ist. Versuche, in dem Aufgeschriebenen etwas von dem lebendigen Vorgang zu bewahren, zu seiner Wiederbelebung durch die Erinnerung. Oder ich nehme die Geräusche war, die von den benachbarten Höfen zu mir herüberklingen, und denke den Bildern hinterher, die sie in mir erzeugen. Oder die Vögel. Oder Fliegen. Insekten überhaupt. Mein rechter Fuß schmerzt, und ich muss mich auf die Knie niederlassen. Die Bodennässe dringt bald durch den Stoff meiner Hose, und nur die Weite der Hosenbeine bewahrt mich vor klammen Knien. Meine ich wenigstens. Bis ich mich aufrichten will, um den gefüllten Eimer zur Karre zu tragen und in sie zu entleeren. Es gelingt mir nicht so rasch, wie ich mich aufrichten will, den Rücken gerade und aufrecht zu bekommen. Gekrümmt schleppe ich mich zur Karre und freue mich, zurückgekehrt, alsbald wieder in die Knie gehen zu können. Als sei diese gekrümmte Haltung für mich die normale und natürliche.

»Erschrick bloß nicht«, sagt hinter mir A., die geräuschlos herangekommen ist, damit ich nicht wieder so schrecklich erschrecke wie sonst immer, und ich erschrecke natürlich – wie immer. Ich war total versunken in Arbeit und Gedanken wie Gefühle, so dass ich mir irgendwie selbst abhandengekommen war und erst durch den plötzlichen Schreck wieder zusammengefügt werde, zusammen/fahre. Der Schmerz des Schrecks entsteht genau an dieser Stelle des Körpers, durchfährt mich von hier aus als elektrische Erfahrung. Ein Stromstoß.

Immer vor dem Schreiben versuche ich mich in einen Zustand der Bewusstlosigkeit fallen zu lassen, aus welchem mir die Wörter kommen sollen, die ich dann hinschreibe wie unter Diktat. Lorbeer. Die Bewusstlosigkeit des Schwebens kommt aber nur nach dem Rauchen zustande. (Auch durchs Beten?)

Erreichbar ist dieser Zustand auch durchs Jäten, aus dem ich aber eben jetzt durch die Warnung, bloß nicht zu erschrecken, so schreckhaft gerissen, geweckt worden bin.

Am Nachmittag leichtes Schneetreiben bei stellenweise sonnenblauem Himmel. Gestern ist der Wind auf Nordost umgesprungen, von woher er nun trocken und kalt und stetig geweht kommt, als käm er direkt aus Sibirien. Ganz plötzlich ist in der letzten Nacht das Thermometer unter null gefallen. Wir haben es hier schon öfter gehabt, dass eine solche Wetterkonstellation vierzehn Tage lang stabil blieb. Der trockene scharfe Ost laugt die Menschen aus.

Alle Gartenarbeit ist seit gestern Abend wie abgeschnitten. Menschen sieht man, wenn überhaupt, zwischen hochgezogenen Schultern umherhuschen.

Die Frage, für wen Gartenbücher eigentlich gemacht werden, ob für Gärtner oder für Leser ist uralt und ehrwürdig und begleitet schon die Anfänge der europäischen Gartenliteratur im ersten vorchristlichen Jahrtausend. Sie wird anlässlich Vergils »Georgica« gestellt (deren Leser immerhin Latein können mussten, und zwar das klassische Latein Vergils, und wer weiß, ob die latinischen Bauern das konnten, ob sie überhaupt lesen konnten). Vergil verkehrte in den höchsten Schichten der römischen Gesellschaft, wo der eigenen Hände Arbeit sich meist darin erschöpfte, sie zusammenzuschlagen, um einen Diener zu rufen, der das Weitere erledigte.

Ähnliches gilt auch von Hesiods »Werke und Tage«, einem Buch, das noch 700 Jahre älter ist. Es ist das älteste erhaltene Werk über Fragen des Land- und Gartenbaus in der europäischen Literatur, und es steht neben der »Theogonie« desselben Verfassers zugleich am Beginn der abendländischen Literatur überhaupt. Der Verfasser dieser Regeln des Landbaus besaß selbst kein Land, beklagt sich vielmehr über seinen Bruder, der ihn um diesen Teil des väterlichen Erbes betrogen und ihn dann auch noch durch Faulheit eingebüßt habe. So malt er dem Perses, indem er die Regel anführt, alles aus, was er falsch gemacht hat. Mehrfach weist Hesiod darauf hin, dass es ungehörig sei, in einen Fluss oder Bach zu pissen. Was einen Rückschluss erlaubt auf die allgemeine Gebräuchlichkeit dieses Tuns, was wiederum den tatsächlichen Widerspruch zeigt zu Hesiods Auffassung von der Reinheit der Gewässer und ihrer Unantastbarkeit. Daraus erhellt, dass Hesiod mit seinen ›Werken und Tagen‹ in Verhältnissen steht wie heute ein Grüner in den unsern, als Ökologe. So wird er gewusst haben, was er sagte, als er empfahl, der Säende müsse bei der Aussaat nackt sein, die durch das Ausstreuen des Samens zu einem Begattungsakt der Erde durch den Säenden und Landmann wird. Eine menschliche Gehilfin bei diesem Werk wird auch nicht geschadet haben. Wie bei allen Gartenbüchern ist auch hier die Praxisnähe, die Anwendbarkeit, die eigentliche Beglaubigung des Werkes.

Dabei fällt mir Walahfrid Strabo ein, der in seinem Gartenbuch besonderen Wert darauf legte, dem Leser von den eigenen Erfahrungen mit den Pflanzen zu berichten. Das gilt sowohl für ihre Verwendung wie für ihren Anbau. Strabo verschweigt es nicht, wenn er sein Wissen den antiken Autoren verdankt. Wir hören aber auch, dass der Abt im Frühjahr in seinem Gärtchen zuerst einmal die Brennnesseln jäten (die heute im biologischen Gartenbau als wertvolles Kraut für alle möglichen Zwecke gelten und mitnichten gejätet, sondern allenfalls geerntet werden, im Frühjahr für die Suppe, als Salat oder Spinat, später als wesentlicher Bestandteil der zugleich heilenden und düngenden Jauche, ansonsten bleiben sie als Weide diverser Schmetterlingsraupen stehen) musste, die sich seit letztem Herbst breitgemacht hatten.

»Sieh an, Herr Pfarrer«, denkt der Gärtner da.

Doch vergessen wir nicht das milde Klima der Reichenau, das vor tausend Jahren noch wesentlich milder gewesen sein muss als heute (das geht aus Strabos Pflanzenkatalog hervor) und eine winterliche Vegetationsruhe, bei der nichts sich mehr bewegt, wahrscheinlich gar nicht erlaubte. Doch irgendwas ist immer zu jäten, irgendwann, und so wird das Paradies zur Arbeit (oder umgekehrt). Mit Walahfrid Strabos Kräutergarten im Kloster beginnt eine gut tausendjährige Kette von Pfarrgärten, die sich durch die verschiedensten gesellschaftlich-historischen Bedingungen gewälzt hat. Hier am Ende hänge ich. Vorläufig.

Die Kunst des Menschen, einen Garten anzulegen und zu unterhalten, ist genauso alt und wahrscheinlich überhaupt dieselbe Kunst wie die, mit Vögeln zu jagen, die Falknerei. Gärtnerei gehört zu den ursprünglichen Kulturleistungen des Menschen auf der Erde. Kultur heißt nichts anderes, als die Welt in einen Garten zu verwandeln, wo nicht zurück ins Paradies. Wir haben mythische Erzählungen, nach denen sind wir in einem Garten zur Welt gekommen. Wir dachten natürlich, es sei unser Garten, und deswegen leben wir heute draußen. Immerhin leben wir noch. Doch muss man zugeben, dass außer uns nicht mehr allzu viel Lebendiges auf der Erde übrig ist. Daher wollen wir jetzt unbedingt zurück ins Paradies. Doch findet sich vor der Pforte noch immer dieser blöde Engel mit dem bloßen hauenden Schwert.

Es ist Arnfrid Astei gewesen, der mich auf das Gartenbuch von Rudolf Borchardt hingewiesen hat: *Der leidenschaftliche Gärtner*. Um es kurz zu machen: Die Linie des Borchardt'schen Buches läuft der des meinen total zuwider. Das Ziel meines Gartens ist mitnichten die Blume, wie Borchardt es von dem des seinen sagt, sondern die Wildnis. Die Wörter *hortus* und *Garten*, sagt Borchardt, stammen sprachlich aus derselben Wurzel, die ein Stück Land bezeichnet, das – zu welchem Zweck auch immer – eingefriedet wurde. Die spezielle Bedeutung eines Ortes für den Anbau von Pflanzen hat sich erst später zu anderen hinzugefunden, die ihn als Haus oder Wohnstätte oder auch als Festung bezeichnen (Kluge).

Doch auch in seiner engeren Bedeutung als Pflanzenanbaustätte beim Haus hat dies Ding eine Geschichte, die seine Veränderungen beschreibt. Wenn Adalbert Stifter von Garten spricht, hat er etwas anderes im Sinn, ein anderes Bild vor Augen, als wenn wir das tun, und wer von uns kann schon wissen, was das ist. Stifter beschreibt einmal eine Gartenanlage nicht, von der es heißt, der Gemüsegarten und der Obstgarten befanden sich hinter dem Meierhause. Was er jedoch beschreibt, ist zwischen Wohnhaus und Schloss gelegen. Es ist eine Art Aufenthaltsraum im Freien, der vom Personal gewartet und in Ordnung gehalten, aber von den Herrschaften benutzt wird. Zum Lustwandeln oder auch, um der Ruhe zu pflegen. (Ich dagegen möchte einen Garten, in dem ich mich vom Haus aus in die Büsche schlagen kann. Diese Büsche müssen aber erst gepflanzt und gezogen sein.)

Der klassische Garten ist der Entstehungsort der Garten- und überhaupt der Natur-Schwärmerei. Denn in Europa ist im 18. Jahrhundert eine Stadtkultur herangewachsen, vor der die Wildnis in die Außenbezirke gewichen ist, wo sie aber ebenfalls beharrlich verfolgt wird. Zuletzt wird in den Gärten der Goethezeit die Natur gehalten wie eine kleine Herde Elefanten in einem zoologischen Garten. Und sie wird in der Goethezeit auch just so gesehen. Und daher sind sich auch zur Goethezeit alle ohne langes Gerede darüber einig, dass Natur das ist, was im Garten erscheint. Und dieses Zeitalter war dermaßen human und humanistisch, dass es diesen

Zustand der Natur für die angemessene Form der Natur unter Menschen hielt. Der Erde das Bild des Menschen aufprägen. Dieser Vorsatz hat die Saat der Aufklärung bestimmt, die seither aufgegangen ist, und zwar anders aufgegangen ist als ursprünglich vorgesehen. Dass die Erde, als Lebewesen betrachtet, im Sterben liegt, das ist das Werk des Menschen, den diese Erde selbst hervorgebracht hat, und mit gewissem Recht ließe sich sagen, die Erde habe durch den Menschen Selbstmord begangen.

Die Umkehrung der herkömmlichen Gartenverhältnisse in meinem Garten ist, um einiges vermittelt, unter anderem das Ergebnis des von Borchardt vertretenen Humanismus im Garten und außerhalb seiner in der Welt überhaupt (wodurch er sich als klassischer Geist erweist), der dazu beigetragen hat, dass die Wildnis plattgetreten wird, wo auch immer ein Halm oder Blättchen sich zeigt.

Heut ist es die Wildnis selber, die den Schutz braucht, den umzäunten, eingefriedigten Raum, vor der von allen Seiten her wild anbrandenden Zivilisation. Pflege und Hege des Gartens kommen dem Wilden zugute, zumindest zum Teil und zumindest hier bei uns, wo der Schutz vor der Wildnis längst umgeschlagen ist in die Notwendigkeit, die letzten Reste Wildnis vor ihrer endgültigen Vernichtung zu schützen.

Borchardts ›leidenschaftlicher Gärtner‹ ist der End- und Kulminationspunkt jener bedeutenden Gärtnerei, die sich dessen, was sie tat, sehr bewusst war. Sie entwickelte sich als eine Kunst während der Goethezeit. Goethe selbst hat sich in ihr versucht, und er hat andere beschrieben, die sich in ihr versuchten. *Die Wahlverwandtschaften* entstehen in dem Garten, den Eduard und Charlotte anlegen als irdisches Paradies, in welchem sich sodann der Biss in den Apfel wiederereignet. Auch wenn dies laut Erzählung nicht der Fall ist. Tatsächlich geht ja alles mit rechten Dingen zu. Dennoch wird durch die Macht der Gefühle, die wie nach Art von wahlverwandten Elementen zueinander finden, die sittliche Ordnung der Welt erschüttert. Der Landschaftsgarten ist für Goethe nicht bloß die Kulisse, sondern der natürliche Ort des paradiesischen Geschehens, das sich nach natürlicher Art der Dinge entwickelt, und dabei die sittliche Ordnung zertrümmert: Ehen scheitern, Liebesbeziehungen verkümmern, führen sich selbst ad absurdum. (Ottiliens Liebestod ist die Folge ihrer Entsagung, ihres Verzichts auf Leben. Wir nennen das Hungerstreik).

Hundertfünfzig Jahre nach Goethe bezieht Borchardt in seinem Garten den Menschen fast ausschließlich auf die Blume und transzendiert ihn auf diesem Weg selbst ins Blumig-Metaphorische. In diesem Buch schwebt der Mensch fast rein als Geist. Seit seinem Erscheinen im Jahre 1951 hat aber die Geltung des Menschen in der Welt kontinuierlich und heute deutlich sichtbar abgenommen (bei zugleich kontinuierlich zunehmender Einflussnahme auf sie). Somit bezeichnet Borchardt das Ende einer Entwicklung (nicht nur) im Garten. Man kann auch sagen, er bezeichnet den Punkt des dialektischen Umschlags in die Qualität des Zerstörerischen. Der Geist wird teuer.

Seit je haben mich die Blumen im Garten am wenigsten interessiert (die von Goethe bis Gärtner Pötschke im Mittelpunkt des Garteninteresses stehen), von denen es folgerichtigerweise in meinem Garten kaum welche gibt, es sei denn als Blume auftretende Kräuter wie den Fingerhut. Ich will ja gerne zugeben, dass in der Blüte der Elementarbereich Erde die innige Verbindung mit der ganz und gar überirdischen Sphäre des Lichtes eingeht. Mehr als die Formen und Gestalten interessieren mich ihre Funktionen. Diese stellen sich dar in der Form des Zusammenspiels von Abläufen. Goethe hat im Garten das Wilde gehasst. Ich versuche es zu fördern, indem ich geschehen lasse, was geschieht. Wie das Wetter dem Land geschieht, das Klima. Bei Goethe und Borchardt im Garten jubiliert es mir zu sehr. Von Tod ist selten die Rede. Eigentlich nicht. Auch von Krankheit, Schmerz und Schwäche nur wenig.

Und nichts darüber, dass Krankheit und Tod Folge und Bedingung des Lebens selber ist. Es geht in der Natur wie im Leben um nichts weiter als darum, dass es weitergeht. Ein Sinn ist nicht darin, es sei denn der, dass das fortwährend sich entfaltende Leben selber der Sinn ist, den es entfaltet, indem es sich entfaltet. Aber Sinn oder nicht, das sind menschliche Kategorien und Kriterien; das Leben der Natur greift weiter. Es greift jedenfalls über den Menschen hinaus, den es zugleich in sich begreift.

Nicht nur in der Herkunft von Goethe stimmen Rudolf Borchardt und Rudolf Steiner überein, sondern auch darin, dass sie beide Rudolf heißen. Beide betonen zudem eine herausragende Stellung des Menschlichen in der geschichtlichen Entwicklung der Erde und des Lebens auf/von ihr, als sei diese mit ihm an ein Ende gekommen und als habe sie mit ihm ihr Ziel erreicht. Eine solche Sicht halte ich für gefährlich und falsch, weil sie den Menschen in einer Sonderrolle bestätigt, die er sich ohnehin angemaßt hat, zum Nachteil des gesamten Planeten. Sie erlaubt ihm jede Schandtat, auch die, die sie verbietet. Wenn es seinem Fortkommen im Menschlichen dient, was immer das heiße, ist es sanktioniert, selbst wenn es allen anderen schadet. Und erst seitdem der Mensch herausbekommen hat, dass er, wenn er allen andern schadet, zugleich auch sich selber schadet, hat er angefangen, sich über die Folgen seines Handelns ein paar Gedanken zu machen.

Wie Rudolf Borchardt in seinem Garten mit Blume und Buch umgeht, ist er jedenfalls ganz und allezeit Herr der Lage, die er voll in der Hand hat, während ich, auf der andern Seite unterwegs, wenn auch in gleicher Umgebung, den Dingen ausgeliefert bin,

Spielball unter ihnen, freiwillig. Borchardt ist der Herr des Gartens, der in seinem Buch vorkommt. Er ist der leidenschaftliche Gärtner, den er unter diesem Begriff versteht. Der Gartenmeister.

Mir dagegen ist der Gartenenthusiasmus abhandengekommen, spätestens seit Tschernobyl. Dieser Mangel verbindet mich allerdings auf eigenartige Weise umso enger mit dem Garten, in welchem ich, wenn auch nicht gerade leidenschaftlich, so doch vielleicht leidenschaftslos Gärtner bin.

Am Beginn meines Gartens hat keinerlei Erleuchtung gestanden. Weder die profane, von der Masanobu Fukuoka in seinem Buch *Der große Weg hat kein Tor* erzählt, dass sie sein Leben verändert und ihn im Alter von 25 Jahren dazu gebracht habe, seinen Beruf als Agrochemiker aufzugeben und Bauer zu werden, um Landwirtschaft mit natürlichen Mitteln zu treiben, was jetzt bald fünfzig Jahre her ist, noch überhaupt eine.

Der amerikanische Titel des Buches lautet *One Straw Revolution*, die »Ein-Strohhalm-Revolution«. Die Revolution des Strohhalms beruht auf der Erkenntnis, dass Reis nicht ins Wasser gesät werden muss, womit er etliche tausend Jahre Reisanbau revolutioniert zu haben glaubt. Darüber hinaus geht es in seinem Buch um richtiges Leben, das immer natürliches Leben ist. Dabei ist der Garten nur ein Beispiel, wie inmitten des technischen Zeitalters ein natürliches oder naturgemäßes Leben geführt werden kann (wobei daran zu denken ist, dass ein, wenn auch noch so kleiner Garten im Leben des Japaners einen weitaus höheren kulturellen Stellenwert hat als das hierzulande der Fall ist).

Fukuoka tut nicht mehr als er kann. Das versucht er erst gar nicht. Er macht immer alles richtig. Selbst seine Fehler macht er richtig. Er hat diese etwas eingebildete (und einfältige) Identität mit sich selber bei der Arbeit mit dem Land, die einen (wie mich) draußen hält. Ein Mit-sich-und-der-Welt-einverstanden-sein mit einer gewissen Prise Selbstgerechtigkeit. Ich dagegen bin nicht einverstanden. Ich gehe quer. Hab nichts zu überliefern, und je länger ich schreibe, desto mehr verschlägt's mir im Grunde die Sprache. Wenn ich sehe, was geschieht, dann bleib ich stumm. Ich hab nicht das Herz, die Welt zu kommentieren. Finde nichts, in dessen Namen ich meine Stimme erheben könnte.

Selbst die schwache Stimme der Menschlichkeit droht durch den Mund gewisser Humanisten diskreditiert zu werden. Wenn Borchardt schreibt, »Der Mensch war der Herr und das Maß der Dinge« (250), dann bringt er damit auf den Punkt, was gegen die Welt einzuwenden ist und bleibt, solange dies der Fall ist. Zwar ist der Satz auf die Rolle des Menschen im Garten bezogen; aber für den Humanisten ist dieser Garten die Welt.

Der humanistische Gärtner und der gärtnernde Humanist sind Rudolf Borchardt in einer Person, und er beweist als einer wie als zwei die Gewalttätigkeit des Zugriffs, mit welcher der abendländische Geist Welt und Erde gepackt hat beziehungsweise hält. Borchardt ist im Prinzip einverstanden mit dem, was er tut und was er weiß, und mit beidem weiß er sich in einer langen Tradition verbunden. Er gibt sich den Anschein, alles über Blumen und Garten zu wissen. Und er weiß wirklich vieles. Kann sein, er weiß mehr als er zugibt. Jedenfalls zeigt Borchardts Humanismus Züge jener Wildheit, mit welcher der Humanismus über die Welt gekommen ist.

Es läuft einfach immer wieder auf Mord und Totschlag hinaus, ob der Mensch mit von der Partie ist oder nicht. Es liegt in der Natur. Heute im ›Nachsommer‹ über die Gartenanlage beim Risachhaus. Ich hatte eigentlich bloß nach einem Abschnitt über Singvogelhege gesucht, den ich als eine der frühesten Schilderungen von ökologischen Zusammenhängen in der deutschen Literatur in Erinnerung hatte.

Es stellte sich dann aber heraus, dass es nichts weniger war als das, nämlich der übliche traditionelle Versuch, sich ins Gefüge der Natur einzuklinken wie ein karzinogenes Virus in die Funktionszusammenhänge von Zellen, um deren Funktionen für sich nutzbar zu machen, woraufhin es anfängt, sich unaufhaltsam zu entwickeln. Stifter, durch den Mund des Freiherrn von Risach, legt ein Denken in den Vorstellungen von ›nützlich‹ und ›schädlich‹ an den Tag (was insofern ein fortschrittliches Denken gewesen sein mag, als damit zum ersten Mal in der Neuzeit ein umfassender Schutz von Lebewesen proklamiert wurde, die vorher ›vogelfrei‹ waren, jedermanns Beute. Selbstverständlich ist der Bezugspunkt für beide Wertungen niemand anderer als der Mensch. Die Vögel werden aus keinem anderen Grunde gehegt, als weil der Mensch glaubt, sie seien ihm von Nutzen, indem sie die Insekten fressen, die ihm, wie er glaubt, zu Schaden sind.

Stifter irrt aber, wenn er annimmt, dass die Vögel Rosen oder Pflaumenbäume von Blattläusen freihalten. Dies tun allenfalls bestimmte Insekten, die aber, obwohl Nutzinsekten, ebenso von den Vögeln gefressen werden wie manche Schadinsekten (die aber gewiss in irgendeiner Hinsicht auch von Nutzen sein werden). Außerdem rotten die Vögel diese Insekten nicht aus, sondern halten sie bloß kurz. Was letztlich für die Blattläuse ebenfalls von Nutzen ist.

Dass Stifter ökologische Zusammenhänge nicht wirklich erkennt, ergibt sich aber aus einer Bemerkung über Raubvögel, die (der nützlichen Singvögel wegen, die sie angeblich fressen) nicht geduldet werden (weswegen es verwundert, dass im Risachgarten nicht von überhandnehmenden Sperlingsschwärmen die Rede ist), und über die bienenfressenden Rotschwänzchen, die er mit der Windbüchse verfolgen lässt.

Unser Rotschwänzchenpaar hat zuerst einmal eine von den Halbhöhlen bezogen, die eigentlich auch für Halbhöhlenbrüter wie Rotschwänzchen bestimmt gewesen, gleich nach der Aufhängung aber von Spatzen bezogen worden waren, die hier nun schon seit vielen Generationen hecken. Die Rotschwänzchen warfen die Spatzen einfach hinaus. Was nicht ohne großes Geschimpfe abging. Aber die Rotschwänzchen blieben einfach sitzen. Und dann hatten sie auch schon bald Junge. Ein paar Wochen später wimmelten fünf oder sechs Rotschwänzchen ums Haus, und wie es schien, fingen von denen auch welche an zu brüten, und so wurden es immer mehr der Rotschwänzchen. Als es zu viele wurden für den Platz, wurden es plötzlich weniger. Die andern müssen irgendwohin ausgewichen sein, wo es keine Rotschwänzchen gab oder nicht so viele. Auf dem Hof sind es nun noch vier, die ich auf Zäunen und Hausecken mit dem Schwänzchen wippen sehe, wobei es rötlich blitzt.

Vor meinem Fenster steht ein Lindenbaum in Nahaufnahme, der sich in diesen Tagen belebt. Es kommt in ihn Bewegung. Noch sind seine Äste vollständig kahl; doch verändern sich die Proportionen. Die Knospen schwellen. Oben in der großen Gabelung der Krone nistet ein mittelgroßer Vogel, vielleicht eine Taube. Weiter unten am Stamm hat sich eine Höhlung gebildet, wo früher ein starker Ast war, der irgendwann vom Bagger abgebrochen worden ist. In ihr huschen zwei Rotkehlchen herum. Aus einer anderen, kleineren Höhlung im Stamm kommt eine Hummel hervor. Ein Baumläufer kreiselt den Stamm hinab.

Und das ist bloß der Anfang davon, dass der Baum lebendig, ein lebendes Wesen wird, das mir anvertraut ist. Wir haben weitgehend verlernt oder vergessen, die außermenschlichen Lebewesen überhaupt als Lebewesen zu achten oder ernst zu nehmen. Ein Kerl wie ein Baum, ein Bär. Ein Tiefflieger mit seinem Höllenlärm verachtet einfach alles, was lebt, indem er es mit einem Lärmschleier überzieht, dem nichts entrinnt, wobei die besondere

Absurdität des Vorganges sich hauptsächlich in dem militärischen Anspruch manifestiert, das schon arg genug strapazierte Leben der eigenen Leute durch Veranstaltungen dieser Art vor solchen derselben Art von anderer Seite schützen und verteidigen zu wollen. Als ginge es nicht längst schon darum, alles Land und alles Leben vor dem Militär zu schützen, gleich welche Uniform die Soldaten tragen.

In Wahrheit sind deren Maschinen die tatsächlichen Feinde der Menschheit, ja, Feinde der Erde selbst. Ihr einziger Zweck ist ein möglichst effektives Töten, und der Lärm, mit dem sie daherkommen, ist ein exakter Ausdruck dieser Funktion. Eine Freiheit, die im Schutze solcher Funktionen gedeiht, kann nur von der Art jenes üppigen Wachstums sein, das im Schutze gewisser chemischer Insektizide aufkommt, die nicht nur bestimmte Schädlinge vernichten, sondern alles Getier, das auf sechs Beinen herumkrabbelt.

Man sollte sich darüber klar sein, dass nicht bloß die chemische, sondern auch die biologische Kriegsführung längst ins Programm der gärtnerischen Umgestaltung der Welt zu einem irdischen Paradies aufgenommen worden ist. Mein Versuch, mittels des Bazillus thuringiensis den Raupen der Stachelbeerblattwespe beizukommen, ist nichts anderes gewesen als was die biologische Kriegführung unter Menschen bezweckt, die Verbreitung bestimmter Krankheitskeime, die Epidemien erzeugen und die gesamte infizierte Bevölkerung ausrotten sollen. Noch dazu steht diese Methode im Garten in dem Ruf, besonders umweltschonend und -freundlich zu sein.

Nach dem gleichen Prinzip wurden seinerzeit die Indianer Manhattans von den Holländern mit Wolldecken ausgestattet, die mit dem Erreger der Masern infiziert waren, woraufhin die Insel Manhattan nach einer gewissen Zeit als indianerfrei gemeldet werden konnte

Auf die Gefahr hin, mich zu wiederholen: Es ist das Praktische an manchen Hervorbringungen des abendländischen Geistes, was diesen zu der furchterregenden Erscheinung macht, die er ist. Sein Fürchterliches ist ihm allerdings immanent.

Obwohl unser Garten nicht nach einem »Plan« angelegt worden ist, obwohl ihm weder ein Konzept noch irgendein Vorbild vorausging, es sei denn eines in der Phantasie, musste ich, ehe ich ihn sozusagen wild werden und sich selbst überlassen konnte, erst seine Quadratur überwunden haben, die Linien und Geraden in meinem Kopf, die ihn in der Welt gewissermaßen absteckten, das Prinzip Ordnung, die Gegebenheit in Reih und Glied.

Tatsache ist, dass unser Garten in Wirklichkeit niemals so ausgesehen hat wie ein Regiment Soldaten auf dem Exerzierplatz, angetreten. Tatsache ist aber auch, dass die Vorstellung in meinem Kopf, wie ein ernstzunehmender Garten auszusehen hätte, mehr Ähnlichkeit mit den angetretenen Soldaten hatte als mit dem, was nach und nach auf unserm Grundstück entstand und sich mit den Jahren entwickelte.

Was nun in ihm vorherrscht, ist der Gedanke des Gewähren Lassens oder der Entfaltung beziehungsweise der Versuch, ihn vorzuführen und zu veranschaulichen. Das hat allerdings zur Folge, dass dieser Garten sich niemals gleich bleibt. Das Wachstum eines Jahres erreicht ein bestimmtes Stadium von Entfaltung, eine bestimmte Konstellation der Formen und des durch sie erfüllten und erschaffenen Raumes, das des nächsten ein anderes. Und so geht es weiter, es wiederholt sich nichts.

Die genaue Richtung dieses Vorgangs ist allerdings nicht vorhersehbar, wie das Ereignis von Tschernobyl demonstriert. Die Annahmen oder Befürchtungen, dass es den Garten zerstören, sein Wachstum umkehren, verselbständigen, Mutanten und lebensunfähige Schrumpfformen erzeugen, dass es ihn mit einem Wort auf den absoluten Nullpunkt bringen werde, diese Annahmen und Befürchtungen haben sich nicht bestätigt, glücklicherweise. Wie immer die Veränderungen aussehen mögen, die tatsächlich durch Tschernobyl eingetreten sind, so hat sich jedenfalls gezeigt, dass sie mit bloßem Auge nicht (und nur unter Zuhilfenahme spezieller Apparaturen und Messgeräte) wahrnehmbar sind. Soweit wir uns auf unsere natürlichen Sinneswahrnehmungen verlassen können, dürfen wir sagen, die Natur sei sich gleich geblieben. Die allgemeine Strahlenbelastung ist wieder zurückgegangen und die spezielle von bayrischen Waldpilzen oder samischem Rentierfleisch betrifft, um es zynisch zu sagen, nicht unsern Garten.

Dass es ihn augenscheinlich unversehrt gelassen hat, heißt allerdings nicht, dass Tschernobyl generell ein harmloses Ereignis gewesen wäre, und es könnte sein, dass dieser Zynismus selbst zu den mittelbaren Auswirkungen jenes Ereignisses gezählt werden muss.

Ganz zweifellos hat Tschernobyl seine Auswirkungen im Geistigen gehabt. So setzt es zum Beispiel den Nullpunkt für jegliche Naivität im Garten. Nach ihm ist es endgültig vorbei mit der Einheit, die mit allem anderen zu empfinden der Garten die Möglichkeit bot: das Universum als Höhle und Heimat. Auch damit ist es aus. Das Weltall hat angefangen zu explodieren. Zwar langsam, aber gleichmäßig und unaufhaltsam fliegt es in sämtliche Richtungen auseinander, zerstrahlt. Und ich darin.

Dabei ist die Zäsur von Tschernoyl gar nicht so einschneidend, dass nachher alles anders wäre, es sei denn in Gedanken, fast unmerklich. Die Veränderungen stellen sich heimlich ein, erscheinen in die Geschehnisse wie eingesenkt, so sehr, dass scheinbar, vordergründig, alles beim Alten bleibt. Inwendig jedoch, in Wirklichkeit, wird alles anders.

Der Garten ist der Garten. Aber das Buch ist das Buch. Beide zusammen bezeugen, dass durch Tschernobyl die Vertreibung aus dem Paradies (einmal mehr, vielleicht zum letzten Male) sich wiederholt. Der Garten handelt von der Gewinnung des Paradieses auf Erden, das Buch aber, das diesen Vorgang beschreibt, von seinem alsbaldigen Verlust.

So steht der Begriff Nullpunkt nicht nur dafür, wie ich diesen Garten mache, sondern auch dafür, wie nicht. Nichtmache, unmache, zunichte. Das Machen der Fehler im Garten ist seit alters her im Garten das Lernen. Und wie ein Bewuchs aus der Erde sollte der Text sich als ein Faden oder auch ein Gewirre von solchen aus dem »Vorwort« entspinnen, das als Vorwort anfängt und dann immer weiter macht. Redet. Bis (nahezu) alles gesagt ist.

Dann hört es auf, endet. Am Nullpunkt. Oder wie Rauch, von einem kleinen Feuer, das sich entzündet, zerstiebt.

Doch bleibt das Machen solches Gartens in diesen Tagen eine Tat: Errichtung eines Biotops. Das ist ein Ort zum Leben. Es geht daher weit über die Ansiedlung von Pflanzen hinaus auf die Schaffung eines Platzes für Wesen. Jede Pflanze zieht bestimmte Insekten nach sich, die auf und von ihr leben, und jedes Insekt andere Insekten oder Vögel und Kleinsäuger, die es fressen. Und diese ziehen wieder größere Räuber auf sich. Wenn sich der Platz stabilisiert, stellt sich ein gewisses Gleichgewicht ein, das man ökologisch nennt. Alle leben vom Leben aller, doch keines nimmt auf Kosten eines andern überhand. Eine ökologische Zelle oder Nische. Die Erfahrung der Ökologie aus der Anschauung. Belebt ist alles. Doch der Platz dafür wird laufend weniger.

»Nach einem vom nordrhein-westfälischen Städtebauministerium veröffentlichten Zahlenspiegel verringerten sich die Freiflächen im bevölkerungsreichsten Bundesland seit 1975 um rund 770 Millionen Quadratmeter. Damit ist rund ein Fünftel der Gesamtfläche Nordrhein-Westfalens mit Gebäuden, Straßen, Schienen oder Betriebsflächen zugepflastert. Im Ruhrgebiet liegt der

Anteil sogar bei 44 Prozent. – Nach Angaben des Ministeriums sind derzeit insgesamt 35 000 Quadratkilometer Land als Siedlungsfläche mit Beschlag belegt. Täglich kommen in den letzten 13 Jahren rund 210 000 Quadratmeter hinzu.«

Es müsste langsam klar werden, dass der industrielle Mensch, der mehr hat als jemand je zuvor, ein Wesen ist, das mehr will als es braucht. Solange wir nicht lernen, uns mit dem zufrieden zu geben, was wir haben, werden die Dinge hier oben auf Erden weitergehen wie bisher und sich dabei höchstens noch verschlimmern.

Das Leben des industriellen Menschen ist, wenn es überhaupt noch diesen Namen verdient, falsch bis auf seine Wurzeln, die es auch kaum noch hat. Eben darin besteht seine Krankheit. Wie eine Pflanze ohne Wurzeln zum Tode verurteilt ist, so über kurz oder lang auch ein Mensch. Verfasser von Gartenbüchern neigen dazu, ihren persönlichen Gartenweg als allgemeinen Weg zu empfehlen; was, wenn es sich machen ließe, von ihnen als Revolutionierung des Bestehenden aufgefasst würde. Von Fukuokas »Ein-Strohhalm-Revolution« war schon die Rede. Ein ähnlicher Vogel aus Deutschland ist Gustav von Heyer, der vor über achtzig Jahren, ich glaube, es war in Schleswig-Holstein oder in Mecklenburg, die Landwirtschaft lernte und dann als Kaffeepflanzer in Deutsch-Ostafrika arbeitete. Die meisten seiner Gartenerkenntnisse und -methoden seines Buches *Die Revolution beginnt im Garten* sind dort erarbeitet worden. So auch die Flächenkompostierung, das Mulchen, das ich für meinen Garten übernommen habe, und daraus folgend die Ablehnung des Kompost-Haufens und der Haufenkompostierung überhaupt, was ich nicht übernommen habe. Die Haufenkompostierung ist eine so alte gärtnerische Kulturtechnik, dass man ohne weiteres sagen kann, ohne sie habe es eine ernstzunehmende Gärtnerei gar nicht erst gegeben. Heyer weiß, auf was er da verzichten will.

Aber was hilfts, wenn er auf etwas gekommen ist, das die alte Kunst des Kompostierens überflüssig macht. In der Tat führt die von Heyer empfohlene Flächenkompostierung mit weniger Aufwand zu ähnlichen Ergebnissen. Anstatt aus grünen Materialien einen kunstvollen Komposthaufen zu bauen, den ich alle zwei Monate umsetze, bis ich endlich den Humus gewonnen habe, den ich prisenweise als Dünger aufs Land gebe. Zu eben diesem Ende führt es, wenn ich die Grünabfälle gleich auf dem Land ausbreite und sie an Ort und Stelle verrotten lasse. Diese Methode führt, konsequent durchgehalten, nach ein paar Jahren zu einem lockeren, krümelig schwarzen Gartenboden, vorausgesetzt allerdings, ich halte es durch, das Mulchmaterial immer wieder mit der Hacke zu durchlüften. Arbeit ist es immer.

Etwas aber muss sein. Das ausgebrachte Mulchmaterial muss tot sein, damit es verrottet, anstatt zu verfaulen. Ausgerissene Pflanzen oder Pflanzengemeinschaften haben die Fähigkeit, ihren Boden zu behalten, notfalls aber mitzunehmen. Zwischen ihren Wurzeln nehmen sie so viel Erde, wie sie halten können mit in die Luft und wachsen von da aus, wieder auf dem Boden abgesetzt, einfach weiter. Sie befördern den Rottevorgang nicht, sondern unterbrechen ihn. Das Erdewerden, Humus, ist ein Stoffwechselprozess, den das Leben mit sich selber führt.

Das Leben ist es, was dabei herauskommt, als Abfall gleichsam, der abfällt, auf den Boden, liegen bleibt und in die Erde verrottet. Das Leben bringt den Humus, die lebendige Erde, als Produkt seiner selbst hervor, aus dem heraus es weiterkeimt und weiterwächst.

Das Leben der Erde als Stoffwechselprozess zu betrachten, setzt die Erkenntnis voraus, dass es sich um eine begrenzte Energiemenge handelt, die hier fortwährend die Gestalt wechselt und, während sie an Form zunimmt, an Masse verliert.

Was beide, Fukuoka und Heyer, Revolution nennen, meint eine Umwälzung der Lebensgrundlagen, weg vom Künstlichen zurück zur Natur, so gut es geht. Diese Gartenphilosophen sind die letzten Nachkommen Rousseaus und der Aufklärung. (Dabei ist schon geradezu dialektisch aufgeklärt Heyers Argumentation im Zusammenhang mit den Marienkäfern, die von ihm kistenweise zur Schädlingsbekämpfung ausgesetzt werden, wobei er keinen, aber auch wirklich nicht einen einzigen Gedanken auf das Schicksal der Marienkäfer nach Ausrottung der Blattläuse wendet. Die Natur wird in Dienst genommen wie Schillers Mohr, der gehen kann. Er geht aber nicht, sondern bleibt, wo er ist, und wird schließlich entweder verhungern oder selber gefressen werden, woraus einmal mehr hervorgehen mag, mit welch wilder Entschlossenheit der ›Garten des Menschlichen‹ bestellt werden muss.

Fukuoka und Heyer repräsentieren zwei verschiedene Arten des Gärtnerseins, wenn auch zum selben Zweck. Heyer sucht auch im Garten als rechter Preuße seine Pflicht zu tun beziehungsweise das, was er dafür hält, und er versucht es mit solchen Mitteln zu tun, die er für natürlich hält. Fukuoka dagegen kultiviert, zumindest in seinem Buch, eine Art Wu-Wei der Gärtnerei, ein Tun durch Unterlassen, das, zumindest im Buch, dem paradiesischen Nehmenkönnen, ohne geben zu müssen, nahekommt. Beide treibt die Vorstellung einer entfremdeten Menschheit an, die ihre Wurzeln verloren oder aufgegeben hat und darüber zu verkümmern droht. Die Revolution, die im Garten beginnt, soll dieses Schicksal abwenden, indem sie den Einklang mit der Natur wieder herstellt und die Menschen zurück ins Vertrauen zieht: Irdische Heimat. Die Erde meint es gut.

Nun ist letzteres tatsächlich ja nicht der Fall. Die Erde meint nichts, weder gut noch böse, sie ist bloß. In Bewegung. Und das nicht nur im Kreise um die Sonne und um sich selber, sondern in Bewegung auch in sich selber, sich durchmischend wie atmend. Daran ist nichts Wohlmeinendes, weder für den Menschen noch für sonst ein Lebewesen. Das Leben, wie gesagt, ist ein Stoffwechselvorgang auf und mit der Erde, ist also in diesem Spiel der Bewegungen eine Hervorbringung, ein Gewächs. Nichts weiter. Als Nietzsche davor warnte, die Erde als einen einheitlichen lebenden Organismus zu betrachten, da wird ihm vor der sich daraus ergebenden Laushaftigkeit des Menschen gegraut haben, die ihm dennoch so klar gewesen sein muss wie keinem vor ihm.

In der Materie und in der Methode ihrer Behandlung sind fast alle Gartenbücher seit der Antike sich gleich. Was daran liegen muss, dass, wenn sich auch alles ändert, was um den Garten herum ist, dieser selbst sich jedoch gleich bleibt. Obwohl der historische Aspekt der Gärtnerei gerade erst wieder von Borchardt so unvergleichlich ins Bild gebracht worden ist, hat ihr Gegenstand, der jeweilige, einzelne, persönliche Garten eigentlich keine Geschichte, und wenn doch, dann nur eine ganz kleine, und die handelt von seinen aktuellen Bedürfnissen (und die richten sich nach den gegebenen historischen, geographischen, klimatischen Umständen).

Die gegenwärtige Schönwetterperiode (tagaus tagein strahlende Sonne bei wolkenlosem Himmel, dazu ein böig kühler Wind aus Nord bis Ost, der den Brand der Sonne geradezu als angenehm empfinden lässt, obwohl er die Haut verbrennt) tut mir körperlich wohl wie selten etwas. Keinerlei Probleme mit dem Blutdruck oder mit sonst irgendwas. Das heißt, es geht mir gut. Auch im Kopf geht's mir gut.

Nach dieser langen Zeit außen vor bin ich plötzlich wieder drin. In der Szene, im Bild. Das Wollgras blüht. Nach Moor.

Und am Abend, so gegen zehn, das lange Lied der Singdrossel von irgendwo aus den höchsten Wipfeln der Erlen und Eschen an der Zufahrt.

Während ich zuhöre, durchfährt es mich, dass dies es ist, Erscheinungen und Ereignisse dieser Art, wofür ich den Garten all die Jahre gemacht habe. Dies ist es, auf was ich, ohne eine feste Vorstellung davon im Kopf zu haben, hingearbeitet habe: dass sich eine Art von Lebendigkeit entwickelte, die weitgehend außerhalb meiner Reichweite liegt, etwas Selbständiges, von mir und meinem Zugriff Unabhängiges.

Dabei war es mehr oder weniger Zufall, dass gerade dies zustande gekommen ist. Zur bevorzugten Nahrung der Singdrossel gehören die kleinen bunten Bänderschnecken (Cepaea hortensis), deren zertrümmerte Gehäuse ich vielerorts auf steinigem Untergrund finde, wohin die Singdrosseln die Schnecken getragen haben, um sie mit dem Schnabel zu packen und auf den Steinen zu zerschmettern, woraufhin sie das Tier stückweis aus den Scherben herauspicken. Man nennt solche Plätze Drosselschmieden, und ich habe nichtsahnend auf meinem Grundstück einen Bewuchs gefördert, der gerade diese Bänderschnecken gedeihen und sich vermehren lässt, die es vorher hier kaum gab. Inzwischen sind es so viele geworden, dass sie anscheinend nach oben auszuwandern versuchen, die Stämme der Bäume hinauf. Da pflückt sie dann die Singdrossel im Vorbeigehen.

Jetzt wird es der Hündin aber zu viel. Sie scheint das Geschluchze der Singdrossel, dem ich in aller Versunkenheit zuhöre, langweilig zu finden, zumal es kein Ende nimmt. Sie will ins Haus. Auch die Katze will ins Haus. Na schön, überlasse ich also die Singdrossel ihren seelenvollen Trillern und geh mit den Tieren ins Haus.

Dies war einer von den ausgedehnten Sonnenuntergängen, die sich noch lange am Himmel fortsetzen, nachdem die Sonne längst unterm Horizont verschwunden ist. Ein sich entfaltendes Lichtspiel zwischen tiefem Rot über dem Punkt, an dem die Sonne versunken ist, und dunklem Blau überall da, wohin das Licht nicht mehr reicht, das den nordwestlichen Himmel bis in halbe Höhe überzieht. Noch weiter oben vertieft es sich immer mehr in ein klares, durchsichtiges Blau bis hin in ein fast leuchtendes Schwarz, nach den Seiten hin versickert es in ein stumpf und graues Rosa. Währendem geht in meinem Rücken ein klarer weißer Vollmond auf, der jedoch, je höher er steigt, umso tiefer in ein gelbliches Rot taucht. Zuletzt nehmen Wolken ihn auf und decken jegliche Farbe ab. Nur ein blasses Weiß, das durchscheint.

Ich habe nun auch den Baum gefunden, an den gelehnt ich das nordwestliche Panorama unbehindert vor Augen habe. Es ist die schwächste aller Birken, die, nur durch den Graben getrennt, unmittelbar neben dem Strommast auf dem Nachbargrundstück steht. Da ich mich aber, wenn ich mich gegen den Stamm lehne, auf gleicher Höhe befinde und nach Nordwesten blicke, tritt der Mast samt den Drähten, die er trägt, nach hinten aus meinem Blickfeld und nur das Lichtspiel der Farben am Himmel bleibt vor meinen Augen.

An solchen warmen Abenden stellt sich der Garten von der Veranda aus gesehen als Lichtung in einem Walde dar oder vielleicht als Waldrandregion. Erfüllt mit Wesen eigener Art: so die vom Knöterich durchwachsene Erle, die ein gedrungenes, etwas gestauchtes Gebilde ergibt, als würde der natürliche Auftrieb ihrer Zweige von den sich hindurch schwingenden Ranken der Kletterpflanze in ihrem Höhenwachstum gebremst und gezwungen, sich stattdessen in die Breite zu entwickeln. In dem dichten Gewirre der Ranken und Zweige versucht sich der Grauschnäpper einzunisten, der unbewegt von einer Warte aus auf fliegende Beute lauert, die er angreift und im Fluge schlägt und oft noch in der Luft verzehrt, ehe er auf seine Warte zurückgekehrt ist. All dies in kurzen, geraden Ausfällen, geflogen wie gestochen.

Heute bis gegen sieben Uhr abends dreißig Grad im Schatten. Jetzt ist es acht, und die Sonne ist dabei sich zu senken. Manchmal ist es, als wolle eine leichte Brise aufkommen. Doch wird es nicht mehr als ein kaum geahnter Luftzug, der einen Hauch von Kühle bringt, wie eine Erinnerung. Das Thermometer steht auf achtundzwanzig Grad.

Dieser Sommer macht es möglich, im Garten zu leben als im Innenraum einer Wohnung. Essen, arbeiten, schlafen. Die verschiedenen Plätze öffnen sich als Räume und gar der ganze Platz als *ein* Raum, wobei dieser erst durch sich selbst entsteht. Dieser Garten ist ein Grüngarten. Seine Mannigfaltigkeit besteht nicht in einer vielfarbigen Blumenpracht, von der Sonne durchglüht, sondern in der vielfachen Abschattung des Grüns der Gräser und der Blätter, von welchen die Büsche und die heranwachsenden Bäume gleichsam Haufen bilden. Das abgestufte Vor- und Zurückspringen dieser Gewächse, das den Raum erzeugt. Scheinbar unbeweglich, solange kein Wind geht. Nur gelegentlich ein Vogelflug, Amsel, Fink oder Meise, von Krone zu Krone, wie unter der Decke dieses Raums, der aber zusätzlich noch von der Decke des blanken Himmels überspannt ist.

Ein Schwarm Stare. Irgendwo in den großen Erlen am Grabenrand ein Buchfink, der seinen Ruf ausstößt wie einen Schrei. Aus der Eiche gegenüber eine Meise. Ihr Rufen ist zugleich ein Antworten. Es erfüllt den Raum und trägt ebenfalls zu seiner Entstehung bei. Dazwischen drängen sich andere Rufe, deren Urheber ich nicht zu bestimmen weiß. Jetzt ist alles still. Nur aus der Ferne, die für mich von der Veranda aus nicht mehr einsehbar ist, tönt das Geräusch eines Schleppers herüber, der wahrscheinlich noch mit der Heuernte beschäftigt ist. Es ist ein industrieller Lärm, wenn er gleich neben einem entsteht oder man drin sitzt. Doch über etliche hundert Meter Distanz verliert er sich fast, gesellt sich ins hintergründige Rauschen, vor dem die Welt erst entsteht, indem sie sich entfaltet. Ebenso die Düsenflieger mit ihrem höllischen Krach, den sie machen, wenn sie einen gerade aus der Nähe erwischen.

Und wieder hat der Sonnenuntergang, der in diesen Tagen fast zwei Stunden dauert, begonnen. Das Licht hat angefangen sich zu färben. In der sterbenden Eiche neben dem Haus finden sich gegen Abend immer mehr Vögel verschiedener Arten ein, um in der verkahlenden Krone zu spielen und zu rufen. Das gelb getönte Licht der Sonne fällt in extrem schrägem Winkel seitlich auf Büsche und Bäume und verschafft ihnen Räumlichkeit und Plastizität, ein leichter Windstoß Bewegtheit.

Das seitlich einfallende Licht lässt auch die Vielfalt von Insekten sichtbar werden, die um mich herum den Luftraum erfüllen. Dahinein schmätzt das Rotschwänzchen, dessen Junge gerade flügge werden. Was von der Katze, die sich genau unters Nest gelegt hat, mit Interesse verfolgt wird. Das Rotschwänzchen schmätzt von der Stromleitung aus, wobei es mit dem Schwänzchen zuckt, dass es rötlich blitzt.

Dass es in einem Grüngarten keine Blumen gebe, die vielfarbig blühen, ist nicht wahr. Doch drängen sie sich farblich nicht in den Vordergrund. Gleichwohl dringen das helle Lila und der süß schwere Duft der Japanischen Apfelrose zu mir herüber. Ich kann dies sexuelle Schwelgen in Fortpflanzungsbereitschaft, dem die Blumengärtner so hold sind, einfach nicht ertragen.

Von der lichtabgewandten Seite der Büsche und Bäume her beginnt die Dunkelheit sich auszubreiten. Indem das Licht schwindet, bewirkt der Gegensatz von hell und dunkel für eine kleine

Weile eine Zunahme an Plastizität und Räumlichkeit alles Sichtbaren. Zugleich beginnt die Bodenfeuchtigkeit sich gegen die abendliche Wärme durchzusetzen, und die Luft des Tages zu atmen wird erst jetzt einigermaßen erträglich. Doch zur Arbeit ist es nun zu spät, es sei denn zum Schreiben, zu was es angeblich nie zu spät ist.

Wieder schmettert der Buchfink und wieder in der Erle, und irgendwo mischt sich mit seinem öden Tschilpen ein Sperling ein. Das ist für den Raum egal, zu dessen Entstehung es nicht weniger beiträgt als das herzzerreißende Abendlied der Singdrossel, das von den Eschen tönt, wenn sich die Sonne auf den Horizont herabsenkt.

Irgendwo auf diesen Seiten heißt es, dass mein Garten mit einem Zen-Garten nichts gemein habe. Das stimmt aber nicht ganz. Er hat mit einem solchen zumindest den Versuch gemein, den Außenraum, in dem der Garten liegt, in diesen einzubeziehen und auf diesem komplizierten Wege den Innenraum des Gartens ins Äußere weiterzuführen. Es ist die Kunst, durch Gestaltung eines Vordergrundes einen Hinter- beziehungsweise Tiefengrund zu suggerieren. Aufgrund der Erfahrung, dass etwas, das so und so begonnen hat, so und so weitergehen wird. Man nennt diesen Kunstgriff ›geliehenen Raum‹.

Die Veranda, auf der ich sitze, liegt inzwischen im Schatten. Nur das obere Fenster im Giebel empfängt noch das Licht der untergehenden Sonne. Am heutigen Nachmittag ist es heißer denn je gewesen. Gegen 16 Uhr waren 33 Grad im Schatten. Es ist unmöglich, sich außerhalb des Hauses körperlich oder überhaupt zu betätigen. Ausgerechnet heute haben die Rotschwänzchen, die über meiner Haustür ausgebrütet worden sind, fünf an der Zahl, das Fliegen angefangen. Es geht langsam, und zunächst hocken sie etwas unglückselig auf dem Beton unter den Autos herum. Die

Katze muss im Haus eingesperrt bleiben und die kleine Hündin auch. Sobald ich mich in der Tür zeige, kommen sogleich von irgendwoher die Altvögel und versuchen, indem sie meine Aufmerksamkeit auf sich lenken, mich wegzulocken.

Vor mir liegt die Welt als Garten. Soweit ich blicken kann, nur grüner Garten. Bäume, Büsche, Gräser und grüne Räume. Auch der Boden ist grün. Durch diesen Raum hindurch huschen unablässig Vögel, die ihn in Bewegung versetzen. Von da nach da, und von da nach hier. In weitem Fluge wie ein Star. Oder von Krone zu Krone wie die Amseln. Oder flach und rot durch die Büsche wie das Schwänzchen. Der Grauschnäpper, der hervorsticht wie ein sehr kleiner Falke. Von einer Warte aus auf vorbeifliegende Insekten stößt.

Und dann gibt es eine Stunde, während die Sonne beim Untergehen ist, wo alles schweigt und nichts sich bewegt, bis die Stille fast laut wird. Und dieser Laut wird der Raum, den er mit Stille erfüllt.

Dem folgt wiederum der schmetternde Ruf des Buchfinks. Der natürlich bin ich. Kein Windhauch geht. Auch die Blätter schweigen still. Doch kommt die abendliche Kühle als leiser feuchter Schwall vom Garten her durchs offene Fenster zu mir hinein. Mit den Jahren ist mir der Garten vor die ursprünglich vorhandene Fernsicht gewachsen, die ich hatte, wenn ich aus dem Fenster schaute: ungehindert bis zum nordwestlichen Horizont. Darüber hat sich meine Weitsicht zur Innenansicht verwandelt, die Welt zur Innenwelt der Außenwelt. Welt ist alles.

Von draußen kommt das Brüllen einer Kuh, die bullt. Dagegen ist das Lied der Hadler Nachtigall verstummt. Es gibt in diesem Land der feuchten Wiesen und Entwässerungsgräben kaum mehr Frösche, die noch vor einigen Jahren mit ihren an- und abschwellenden Gesängen die warmen Sommerabende zum Vibrieren brachten, und demzufolge gibt es auch immer weniger Störche. Inzwischen freuen wir uns, wenn wir im Vorbeifahren einen auf der Wiese stehen sehen. Die Störche sind dabei, in diesem ihrem angestammten Biotop, dem Hadler Sietland, zum Ereignis zu werden. Vor zwanzig Jahren, als wir hergekommen sind, war es für uns, die wir aus der Großstadt kamen, ein bemerkenswertes Ereignis, als einmal drei Weißstörche hintereinander unmittelbar unter unserem Küchenfenster durch den Graben schritten.

Das ist vorbei. Es liegt an der Einstellung, mit der das Land bewirtschaftet wird. Wenn es schon nichts bringt, dann soll es wenigstens ordentlich aussehen, und so werden alle Zeit selbst die schmalen Grasstreifen am Straßenrand gemäht. Von den Straßenmeistern, und zwar mit Geräten, die auch alles größere Getier, das nicht rechtzeitig geflohen ist, wie Kröte und Igel, niedermachen.

Über der Fichtendickung hinterm Göschedeich steht ein Turmfalkenpärchen, das mit zwei Jungen Fliegen bei starkem Wind spielt. Die Jungfalken versuchen schon mal, sich in die toten Eschen zu verdrücken und zu verschnaufen. Aber bald erscheinen die beiden Altvögel und scheuchen sie wieder hoch, dass sie gegen den Wind in der Luft stehen, auf der Stelle, rüttelnd. Dann rasch weiter und wieder gerüttelt. Die Turmfalken sind auf diese Entfernung, gut hundert Meter, immer nur für Sekundenbruchteile im Glas zu halten, wo sie dann aber immer die charakteristische Flügelhaltung zeigen, die es erlaubt, den Vögeln beim Rütteln gelegentlich wie von oben zwischen die Schulterblätter zu schauen. Das ist ein Anblick, der sich einprägt.

Auch dies prägt sich ein: Vor ein paar Tagen verließ endlich das fünfte der jungen Rotschwänzchen das Nest über meiner Haustür. Dann dauerte es weitere zwei Tage, während der es auf dem Beton unter den Autos hockte oder hektisch umherflatterte, wenn ich es aufscheuchte, um es an einen weniger gefährlichen Platz zu vertreiben. Da dies nicht gelang, hieß es wieder einmal, die Katze ins Haus zu sperren, was mehr als einen Kampf mit ihr kostete.

Schließlich aber war das kleine Schwänzchen doch vom Hof verschwunden. Ich konnte es seither fast immer vorm Fenster auf dem Stacheldrahtzaun sitzen und hohe Sprünge, etwas zwischen Sprung und Flug, in die Zweige des Lindenbaums tun sehen. Es hebt senkrecht nach oben ab und kehrt senkrecht hinab auf denselben Platz zurück. Sein Sprung oder Flug nach oben umfasst leicht das Fünfzigfache der eigenen Körpergröße des kleinen Vogels. Tag für Tag seh ich dem zu.

Siehe da, denke ich, das letzte, kleinste und schwächste von den Fünfen hat das beste Jagdrevier erwischt, das sich hierherum überhaupt finden lässt, Krone und Stamm der großen Linde, einfach, indem es in der Gegend blieb, wo es war. Inzwischen betrachtet es den Platz als seinen, und wenn mal versuchsweise ein Sperling kommt, um zu picken, fährt es gleich auf ihn los.

Aha, denke ich, so geht das.

Ein namenloser Sonnenuntergang. Die niedrige Luftfeuchtigkeit verhindert, dass das letzte Licht der Sonne übermäßig gebrochen wird, und so ist es, was selten der Fall ist, möglich, die rotgolden glühende Sonnenscheibe langsam hinter den Bäumen am Horizont versinken zu sehen, bis sie verschwunden ist.

In dem Licht, das von unterm Horizont hoch gegen den bläulich transparenten Himmel scheint, zeigt sich ein kleiner Vogel, der unablässig zwitschernd Kreise und Schleifen wie die liegende Acht fliegt. Immer höher hinauf führt ihn sein Flug, und ich habe den Eindruck, dass er der Sonne folgt, die immer tiefer unterm Horizont zu versinken scheint, während bloß die Erde sich nach Osten wälzt. Jedenfalls ist sie für mich schon lange nicht mehr sichtbar, es sei denn indirekt in den Reflexen von Licht, die das

Gefieder des kleinen Vogels treffen. Ich musste mich denn selber vom Boden erheben.

Als unversehens aus der Dunkelheit der Ebene erst eine und dann eine zweite schwarze Krähe auftaucht, die zielstrebig den Bereich durchqueren, wo mein kleiner Vögel, der nur eine Lerche sein kann, vor der untergehenden Sonne tanzt, verschwindet dieser und überlässt das Feld den Krähen. Bis diese vorbei sind. Ist sogleich wieder zur Stelle, Kreise und Schleifen fliegend und unablässig zwitschernd, nur noch sehr viel höher jetzt, die Sonne zu geleiten.

96 Seiten, mit zahlreichen Abbildungen
ISBN 978-3-86489-205-9
Auch als eBook erhältlich

Der Literaturnobelpreisträger Maurice Maeterlinck beschreibt in diesem Klassiker, was wir von der Klugheit der Pflanzen lernen können: »Man möchte wirklich meinen, die Ideen kämen den Blumen auf gleiche Weise wie uns. Sie tasten in derselben Nacht, begegnen den gleichen Hindernissen, dem gleichen bösen Willen in dem gleichen Unbekannten. Sie kennen dieselben Gesetze, dieselben Enttäuschungen, dieselben langwierigen und mühsamen Siege. Sie haben anscheinend unsere Geduld, unsere Beharrlichkeit, unsere Eigenliebe, den gleichen abgestuften mannigfachen Verstand, ja fast dieselbe Hoffnung und dasselbe Ideal.«

160 Seiten
ISBN 978-3-86489-231-8
Auch als eBook erhältlich

Von A wie Ameise bis Z wie Zitteraal – die Tierwelt ist manchmal lustig, manchmal grausam und immer wieder aufs Neue faszinierend. Doch die moderne Wissenschaft irrt, wenn sie glaubt, Erkenntnisse über die Natur nur aus der Erforschung im Labor ziehen zu können, sagt Helmut Höge. Für den Wissenschaftsjournalisten, Biologen und Amateurforscher ist es vor allem der enge Kontakt zu den Tieren, der uns ihrem eigentlichen Wesen näher bringen kann. Ein Buch voll verblüffender Einblicke in eine wunderbare Welt, die wir immer weiter verdrängen und die schon bald nur noch ein blasses Abbild ihrer einstigen Größe sein könnte.